恐 龍
DINOSAURS

恐　龍
DINOSAURS

史帝夫‧布魯薩特／著　　林潔盈／譯

好讀出版

Contents

Introduction 前言

　　只要講到「恐龍」一字，你馬上會聯想到失落世界的景象，一種令人感到奇異卻也害怕的過去，一個由龐大爬蟲類稱霸的世界。這些遠古野獸很特別，總是讓孩子和科學家深深著迷，也許因為有些恐龍的體積龐大，或者因為許多恐龍身上稀奇古怪的角、冠、甲胄、尖刺、利爪與牙齒等，或者單純僅因恐龍已經不存在這個世界上，這個曾經偉大的族群，和後繼的許多人類文明一樣歷經了興衰起落，已成過往。

　　時至今日，恐龍比以往更受歡迎。在阿根廷或中國等國家的不毛地帶，幾乎每個禮拜都有令人興奮的新發現。以這些「可怕的蜥蜴」為題的新電影、紀錄片與電視節目，再再吸引著廣大的觀眾。有些專門尋找並研究恐龍的古生物學家甚至因此成了小有名氣的名人。

　　儘管恐龍受矚目的程度好比「搖滾明星」，但牠們並不只是憑空捏造的媒體創作產物，在曾經生活在地球上的動物中，恐龍可以說是最重要、最多樣也最佔優勢的一類。最早的恐龍大約在兩億三千萬年前，也就是地質年代的三疊紀中期演化出現。在開始的時候，牠們只是靠兩隻後腳奔跑的小型肉食動物，不過沒多久便迅速擴張到世界各地，演化出各式各樣讓人目不暇給的種類。到兩億年前三疊紀末期，各種體型各異的恐龍已經在全球各地的生態系中佔盡優勢，恐龍時代的序幕已經開啟。這個時代讓人驚異，長達一億六千萬年，直到白堊紀末期一個突發的災難性滅絕事件才終止。

　　人類為恐龍著迷已有將近兩世紀之久。這些遠古怪獸的第一具骸骨出土於十九世紀早期的英格蘭地區。起初，科學家為此感到困惑。這些骨頭是真的嗎？它們屬於哪些龐然大物？這些動物生存在哪個時期？儘管如此，沒多久以後的進一步發現，例如巨龍和禽龍標本的出土，不但證實這些化石的真實性，也證明牠們是生存在數億年

前中生代的一類全新、古老的類爬蟲動物。在這些動物之中，有些體型龐大——和一台巴士一樣長，和一棟五層樓高的建築一般高——其他則又小又光滑。有些吃肉，有些吃植物。有些身上有尖棘和甲胄，有如中世紀武士，其他則沒有明顯特徵。總的來說，牠們是一群非常多樣的物種集合，在人類出現以前的遠古時期稱霸世界。

　　隨著時間演進，越來越多化石出土，恐龍世界的樣貌逐漸浮現。科學家瞭解到，恐龍可以分成三個主要的類別：肉食的獸腳亞目（包括暴龍和同類動物）、長頸且食草的蜥腳形亞目（例如腕龍和梁龍）、以及有喙且以植物為食的鳥臀目（如劍龍、三角龍和鴨嘴龍）。這些類別全都興起於三疊紀晚期，並隨著恐龍時代的開展持續演化改變。事實上，「改變」就是恐龍世界的主題——大陸持續漂移、氣候變遷、海洋擴張與退縮。這絕對是生命史上最讓人驚奇的演化故事。

　　本書以恐龍時代豐富且陸續開展的故事為主題，它有別於其他同類書籍，並沒有單純按類別編排物種，而是帶領讀者從三疊紀中期開始，隨著恐龍走過一億六千萬年的演化進程，穿過每一個演化的轉折、經歷每個大滅絕、越過漂流的大陸，追隨著恐龍多元演化並遍佈全世界的腳步。本書以有史以來最具戲劇性、最鮮明的恐龍圖像，替這個古老的世界帶來生氣。這些圖像的製作是採用與影片製作同樣的電腦繪圖科技，而且以最新、最尖端的科學知識為基礎。這本書的大尺寸，讓讀者能夠欣賞這些圖像的驚人細節；有些圖像甚至與原物一般大小——這可以說是前所未見的創舉。這些鮮明的圖像扣人心弦地概觀縱覽了史上最偉大的故事：恐龍的起源、演化與滅絕。

史帝夫·布魯薩特

The Science of Dinosaurs
恐龍科學

恐龍目前已經滅絕，牠們是生存在數百萬年前的動物。那麼，科學家怎麼會這麼了解恐龍？恐龍的發現與研究始於十九世紀初的英格蘭，至今已有將近兩百年的時間。相關研究技術隨著時間有了驚人的進展，目前研究恐龍的古生物學家會以許多複雜精密的科學工具來做研究。儘管如此，二十一世紀的科學研究人員與十九世紀的博物學家卻肩負著相同的使命：尋找恐龍化石，並利用這些石堆與石化的骨頭拼湊出牠們存活時的樣貌，了解牠們在一個不同於人類世界的世界中如何飲食、休憩、以及最後如何死亡。

大多數科學研究都以一個特定的問題為起點。舉例來說，科學家可能會對獸腳亞目恐龍在侏羅紀中期的演化感興趣。然而，科學家怎麼知道該到哪裡去尋找侏羅紀中期的化石呢？恐龍化石的挖掘與研究，可以分為五個基本步驟。古生物學家很幸運，因為地質學家從很久以前就開始仔細記錄世界岩層的詳細地圖，讓企業界可以辨識出各種包含寶貴資源如煤炭、石油與鑽石等的岩石。因此，我們這位勇敢的古生物學家，首先應該研究地質圖，辨認出一個具有侏羅紀中期岩石沉積的地區。中國可以是他開始尋找的好地方。

第二步看來簡單，卻也可以是非常令人沮喪的階段。一旦辨識出適當的岩石，科學家就必須親自前往該地區並開始搜尋。通俗電影常把古生物學描述成一種技術先進的科學，然而，無論探地雷達和複雜相機看來有多麼神通廣大，這些儀器往往非常昂貴，而且遠不及人類肉眼可靠。因此，科學家在尋找化石的時候只會到處走走，尋找已經受到侵蝕的骨骼碎片，因為這些碎片可能表示附近埋著更完整的標本。這樣的搜尋過程往往枯燥乏味、艱鉅且令人惱怒。有些科學家在一個地區逛上好幾個月，最後卻一無所獲。儘管如此，除此以外卻別無他法。

一旦找到恐龍化石，在這個例子裡也就是生存於侏羅紀的獸腳亞目恐龍，就可以進行第三步驟。化石必須要從地面上移開，經過固定，再運回實驗室中進行清理與研究。這也是非常簡單的程序。化石通常被包覆在被稱為圍岩的岩石之中，因此必須要先除去這些圍岩才能進行後續動作。野外工作隊的成員有時候會花上好幾個禮拜仔細清除圍岩，再把化石用具有保護功能的石膏模包覆起來。這裡使用的石膏和骨折時打上的石膏是一樣的材料，它能在運送過程中保護化石免受損害。從挖掘地運送到實驗室的時程可以耗上好幾個月，有時還會有數千哩遠的陸運、海運或空運。很不幸的是，化石常常出現在乾燥、杳無人煙的荒涼地帶，距離大學和博物館的研究中心非常遠。

第四步驟始於化石抵達實驗室的那一刻。在實驗室中，研究人員可以仔細清理化石，碎裂的部份可以進行處理，骨頭可以拼在一起組成骨架。之後，就可以動手研究了。首先，古生物學家得先弄清楚手上的化石到底是什麼：屬於哪個類別、和同類別的其他成員有何差異、在演化樹上該佔哪個

古生物學系的學生在美國懷俄明州挖掘侏羅紀晚期的恐龍化石。圖中的學生發現了一塊恐龍骨頭，正小心地將它從周圍岩石中取出來。

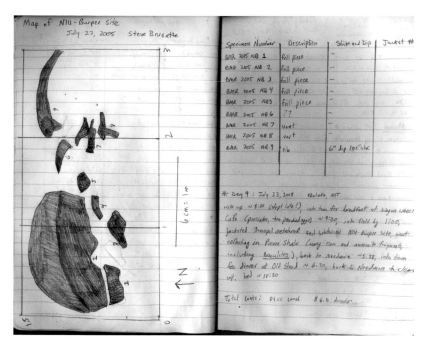

作者（史帝夫·布魯薩特）田野調查筆記的其中兩頁，仔細記錄了2005年7月在美國蒙大拿州挖掘三角龍化石的過程。科學家都會製作田野筆記，以記錄下自己在哪裡找到化石，並繪製化石發現時的相關位置圖。

位置。要知道這些，必須仔細觀察化石的構造。骨頭上再微小的細節都需要敘述，然後和其他化石做比較。將這些資訊彙整在一起，就可以用來製作演化樹，亦即以更大格局研究該類別動物演化時的必須資訊。這樣的過程往往耗時費力，可能需要好幾個月、甚至好幾年的時間。在完成以後，科學家必須撰寫並發表科學論文，向古生物學界宣布他的發現，並利用標準專業術語來描述這個物種。我們的古生物學家就得利用這個機會，解釋他的化石揭示了關於侏羅紀中期獸腳亞目演化的哪些事。

恐龍研究的最後步驟，則是向一般民眾宣布研究成果。並不是所有化石挖掘或研究成果都具有開創性。事實上，科學家絕大部份的所作所為，只有其他科學家會覺得有趣。雖然如此，有時候新發現是如此異乎尋常或重要，必須受到讚揚，又或者研究成果非常具有革命性，而有告訴廣大民眾的必要。要將研究成果公諸於世，最顯而易見的方法就是於博物館展覽。博物館有時會展出化石原件，不過這些化石通常都非常脆弱，不適合用於公開展示。此時，就必須一件件地製作每塊骨頭的複製品，再把它們拼湊成完整的骨架，並固定在安全堅固的框架上。這樣複雜的程

序需要結合科學、藝術與工程的獨特手法。陳列必須具有科學正確性、容易搬運、盡可能降低製作成本，並且要有賞心悅目的外觀。若能成功達到上述要求，這個標本展示就能教育一般民眾，讓人知道這個新發現如何增進人類對侏羅紀中期獸腳亞目演化的了解。

這五個步驟可以幫助科學家了解恐龍如何隨著時間演化。這本書就是以演化的故事為主題，書內文字搭配了好幾幅叫做演化支序圖的圖表，藉此以圖像方式來描繪演化故事。演化支序圖能顯示哪些類別的恐龍具有密切的親緣關係，並讓人大致了解這整群恐龍如何在一起拼湊出單一的演化故事。

書背的恐龍類群演化支序圖提供了所有恐龍物種與其演化系群的概觀。根據這張圖，恐龍可以歸納成三個主要大類—獸腳亞目（肉食恐龍，包括腔骨龍科、角鼻龍下目、堅尾龍類、虛骨龍類與鳥類），蜥腳形類群（原蜥腳下目與長頸的蜥腳下目），以及鳥臀目（「臀部如鳥類般的恐龍」，包括許多草食性恐龍如劍龍下目、甲龍下目、角龍下目、腫頭龍下目與鳥腳下目）。支序圖也清楚顯示，鳥類自恐龍演化而來。

製作支序圖是古生物學的主要目的之一，而且必須先有詳細的實驗室化石分析才可能做得出來。科學家製作支序圖的時候，會檢驗許多種恐龍，測量並觀察骨架的所有骨頭，然後將這些資訊綜合在一起，集結成一份龐大的特徵清單。舉例來說，其中一個特徵可能是尾部的大型尖刺，那麼科學家就會根據尾部是否有尖刺，將恐龍分成兩類。科學家會以這樣的方式，利用個別特徵一個個排下去，製作出一張龐大的試算表或資料矩陣，然後據此繪製演化樹，根據恐龍的共同特徵將牠們分門別類。儘管製作支序圖的過程耗時費力，它對於了解恐龍演化的故事，卻有著不可或缺的重要性。

　　這個支序圖顯示所有恐龍類群之間都具有親緣關係，這張圖就好比我們的家譜，說明我們和父母親、（外）祖父母和其他祖先之間的關係一樣。雖然這張支序圖很籠統，只描繪了幾個最主要的恐龍類群，本書其他部份還會以更仔細的支序圖說明這些主要類群的細分。

　　書中的每種恐龍簡介都包括該種恐龍的分類資料。雖然許多書都採用了令人眼花撩亂的分類方式，例如「目」、「超目」、「下目」、「科」、「亞科」等，本書卻捨棄這些方式，因為目前大多數科學家都一致認為，這樣的名詞既容易混淆又毫無意義可言。本書所採用的分類方法，是利用一組能夠對應到支序圖上恐龍類群名稱的名詞，僅交代該種恐龍所屬的大類別。

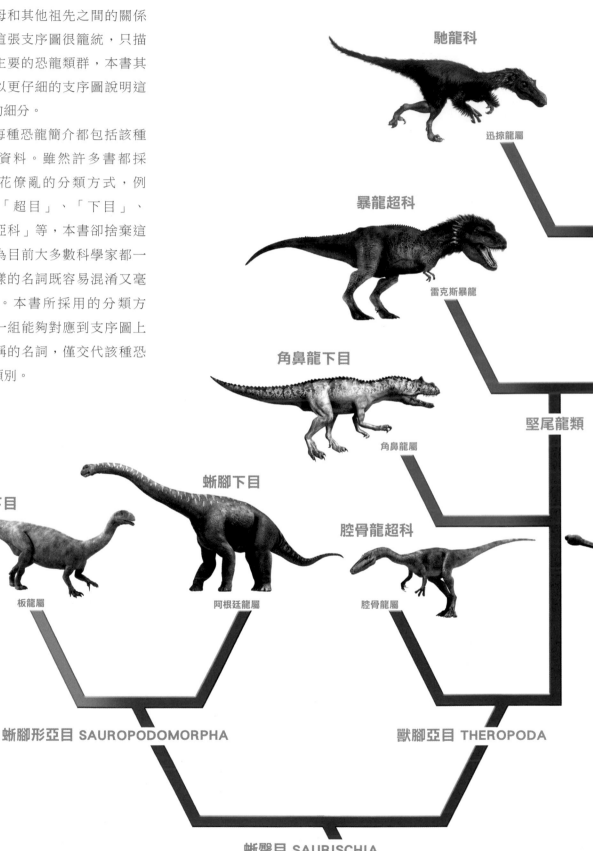

馳龍科

迅掠龍屬

暴龍超科

雷克斯暴龍

角鼻龍下目

角鼻龍屬

堅尾龍類

原蜥腳下目

蜥腳下目

腔骨龍超科

板龍屬

阿根廷龍屬

腔骨龍屬

蜥腳形亞目 SAUROPODOMORPHA

獸腳亞目 THEROPODA

蜥臀目 SAURISCHIA

恐龍總目 DINOSAURIA

舉例來說，暴龍被分類成：

恐龍總目

獸腳亞目

堅尾龍類

虛骨龍類

暴龍科

這些可以一直細分下去的名詞會構成一組網絡，顯示出暴龍在分類上該歸屬何處。就這樣子想好了：暴龍是暴龍科動物，所有暴龍類都屬於虛骨龍類，所有虛骨龍都歸屬在範圍更龐大的堅尾龍類之下，堅尾龍都是獸腳亞目動物，獸腳亞目是恐龍的一個類群。讀者可以遵循這樣的脈絡來參考本書的支序圖。

鳥類

始祖鳥屬

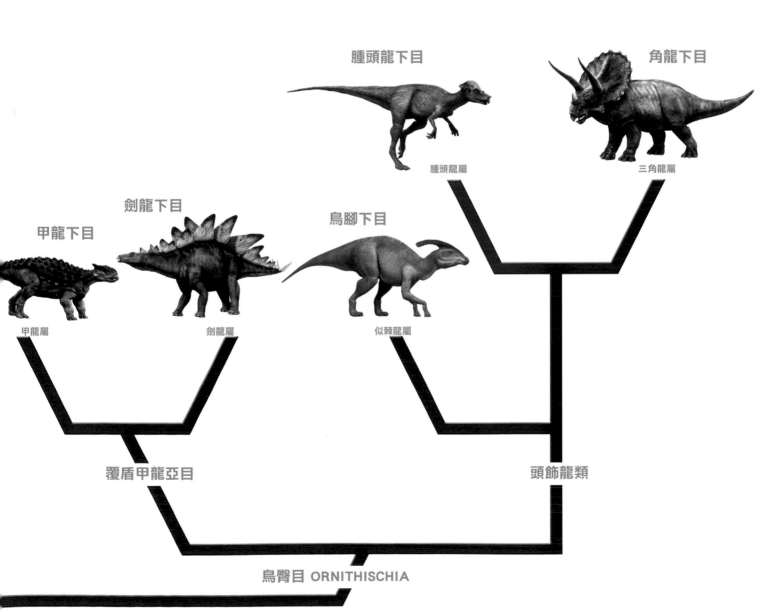

腫頭龍下目

腫頭龍屬

角龍下目

三角龍屬

劍龍下目

甲龍下目

甲龍屬

劍龍屬

鳥腳下目

似棘龍屬

覆盾甲龍亞目

頭飾龍類

鳥臀目 ORNITHISCHIA

| 前寒武紀 | 寒武紀 542-488.3百萬年前 | 奧陶紀 488.3-443.7百萬年前 | 志留紀 443.7-416.0百萬年前 | 泥盆紀 416.0-359.2百萬年前 | 石炭紀 359.2-299.0百萬年前 | 二疊紀 299.0-251.0百萬年前 |
| 4000.0-542.0百萬年前 | | | | | | |

細菌與藻類首次出現　蠕蟲和水母

首次出現具有堅硬部份的動物　三葉蟲和海綿　具有體節的蠕蟲

脊椎動物出現　無頷魚

植物登陸　海洋無脊椎動物　軟骨魚

硬骨魚　脊椎動物登陸

兩棲類出現　爬蟲類出現

似哺乳爬行動物出現

古生代 542.0-251.0百萬年前

第一章 THE ORIGINS OF THE DINOSAURS
恐龍的起源

三疊紀 251.0-199.6百萬年前	侏羅紀 199.6-145.5百萬年前	白堊紀 145.5-65.5百萬年前	古近紀65.5-23.03百萬年前	新近紀 23.03-2.588百萬年前	第四紀 2.588-0.0117百萬年前
恐龍出現 龜鱉類 蛇、蜥蜴與鱷魚 哺乳動物出現	恐龍稱霸世界 鳥類出現	恐龍逐漸衰亡	哺乳動物稱霸	植物登陸 海洋無脊椎動物 軟骨魚	人類進化到現代狀態

中生代 251.0-65.5百萬年前	新生代 65.5百萬年前以後

真雙型齒翼龍 EUDIMORPHODON

意義：名稱來自多齒尖且特化的牙齒。　發音：*you-die-MORPH-o-don*

生命史上曾有三大類脊椎動物演化出飛行能力：鳥類、蝙蝠與翼龍。鳥類和蝙蝠至今仍然存在，而且是脊椎動物中最龐大且最多元的類群；翼龍在很久以前便已絕跡，不過同樣是演化極為成功的重要範例。這些外形奇特的祖龍是率先飛上天的脊椎動物，在鳥類和蝙蝠演化出現的很久以前稱霸著天空。最古老的翼龍化石來自三疊紀晚期，比最古老的鳥類化石（始祖鳥）早了三千

萬年左右。即使在鳥類演化出現以後，種類繁多的翼龍仍然稱霸天際，一直到六千五百萬年前才隨著恐龍滅絕。

翼龍的骨架著實適合飛翔，其中最讓人驚異的特徵是前肢上延長的第四指，而且有些翼龍的第四指長度甚至相當於體長！這支長長的指頭和腕部上一塊叫做翅骨的特殊骨骼，能幫助翼龍撐起龐大的翼膜。翼龍的翼和鳥類翅膀並不同，並不是由一根根羽毛構成，而是一塊從第四指延伸出來、與身體連接在一起的寬大薄膜。其他與飛行能力有關的演化，包括方向朝外、能夠幫助牠大幅擺動雙翼的肩臼窩，以及有助於減輕體重的中空骨骼。

真雙型齒翼龍是目前已知最古老的翼龍。義大利北部米蘭附近的中型城市貝加莫（Bergamo）一帶曾

分類

動物界
　脊索動物門
　　蜥型綱
　　　祖龍超目
　　　　翼龍目

化石出土地點

有多具真雙型齒翼龍化石出土，格陵蘭也曾經
挖掘出一具幼龍化石。真雙型齒翼龍與其他翼
龍的差異，在於牠有複雜的牙齒和又長又
細的尾巴，而且牙齒上有許多被科學家
稱為齒尖的小突起。真雙型齒翼龍
的體型並不大，和白堊紀時期的
翼龍如貴叟寇翼龍相較之下
尤其迷你，貴叟寇翼龍的
翼展可達十二公尺，
甚至比許多輕型飛
機都來得大！

統計資料	
棲地：歐洲（義大利）與格陵蘭	
時期：三疊紀晚期	
體長：1公尺	
高度：25公分	
重量：10公斤	
天敵：勞氏鱷目祖龍、獸腳亞目恐龍	
食物：小型脊椎動物、昆蟲	

體型比較

印度階
251.0–249.5
百萬年前

奧倫尼克階
249.5–245.9
百萬年前

安尼階
245.9–237.0
百萬年前

拉丁階
237.0–228.7
百萬年前

卡尼階
228.7–216.5
百萬年前

諾利階
216.5–203.6
百萬年前

雷蒂亞階
203.6–199.6
百萬年前

海塔其階
199.6–196.50
百萬年前

錫內穆階
196.5–189.6
百萬年前

普連斯巴奇階
189.6–183.0
百萬年前

托阿爾階
183.0–175.6
百萬年前

阿連階
175.6–171.6
百萬年前

巴柔階
171.6–167.7
百萬年前

巴通階
167.7–164.7
百萬年前

卡洛維階
164.7–161.2
百萬年前

牛津階
161.2–155.6
百萬年前

啟莫里階
155.6–150.8
百萬年前

提通階
150.8–145.5
百萬年

三疊紀早期 251.0 - 245.9百萬年前　　三疊紀中期 245.9 - 228.7百萬年前　　三疊紀晚期 228.7 - 199.6百萬年前　　侏羅紀早期 199.6 - 175.6百萬年前　　侏羅紀中期 175.6 - 161.2 百萬年前　　侏羅紀晚期 161.2 - 145.5百萬年

三疊紀 251.0 - 199.6百萬年前　　　　　　　　　　侏羅紀 199.6 - 145.5百萬年前

第二章 DINOSAURS OF THE LATE TRIASSIC
三疊紀晚期的恐龍

貝里亞階
145.5—140.2
百萬年前

凡藍今階
140.2—133.9
百萬年前

豪特里維階
133.9—130.0
百萬年前

巴列姆階
130.0—125.0
百萬年前

阿普第階
125.0—112.0
百萬年前

阿爾布階
112.0—99.6
百萬年前

森諾曼階
99.6—93.6
百萬年前

土倫階
93.6—88.6
百萬年前

科尼亞克階
88.6—85.8
百萬年前

桑托階
85.8—83.5
百萬年前

坎帕階
83.5—70.6
百萬年前

馬斯垂克階
70.6—65.5
百萬年前

白堊紀早期至中期 145.5 - 99.6百萬年前　　　　　　　　**白堊紀晚期 99.6 - 65.5百萬年前**

白堊紀 145.5 - 65.5百萬年前

腔骨龍 COELOPHYSIS

意義：「空心的型態」。　發音：*see-low-FYS-iss*

　　古生物學史中充滿著各色各樣的人物，不過很少有像大衛・鮑德溫（David Baldwin）如此奇特古怪的人。在那個美國開拓精神還非常強烈的時期，鮑德溫常常獨自拖著騾子，在凜冽嚴冬中挖掘化石。儘管鮑德溫特立獨行，卻也是極為成功的化石收藏家，曾經和馬什（O.C. Marsh）與科普（E.D. Cope）兩位因為「化石戰爭」而勢不兩立的古生物學家合作。西元1881年冬天，當鮑德溫在美國新墨西哥州替科普尋找化石的時候，他找到了此生最重要的發現之一。

　　雖然鮑德溫只在無意中發現幾塊小型骨骼化石，卻足以讓科普以此為據，發表了獸腳亞目的新屬：腔骨龍屬。這種生存於三疊紀晚期的獸腳亞目動物體型纖細輕巧，顯然是表皮光滑行動敏捷的掠食者。然而，古生物學家卻一直到六十多年以後才發現這種動物的完整遺骸。西元1947年，美國自然史博物館派考察隊前往新墨西哥州幽靈牧場鎮（Ghost Ranch），挖出了許多具完整骨骼化石，據推測，這些動物可能死於一場突如其來的洪水。

　　在過去數十年間，南非和中國都有腔骨龍化石的出土。儘管有些化石曾經被歸到合踝龍屬之下，不過許多科學家相信這些都是腔骨龍化石。科學家認為腔骨龍是最原始的獸腳亞目動物，是恐龍演化過程中非常重要的一步。

分類
動物界
脊索動物門
蜥型綱
祖龍超目
恐龍總目
獸腳亞目
腔骨龍超科

化石出土地點

統計資料

棲地	北美洲（美國）、非洲（南非）、亞洲（中國）
時期	三疊紀晚期
體長	2-3公尺
高度	0.5-1公尺
重量	25-75公斤
天敵	鱷形超目動物
食物	小型脊椎動物、年幼的鱷形超目動物

體型比較

The Prosauropod Dinosaurs

原蜥腳下目的恐龍

恐龍來自靠雙腳行走的小型肉食動物，例如約莫兩億三千萬年前三疊紀中期的馬拉鱷龍。恐龍很快就多元演化出三個主要群體：獸腳亞目、蜥腳形亞目與鳥臀目。最早的獸腳亞目恐龍可能和曉掠龍與艾雷拉龍等最古老的恐龍相似，不過到了三疊紀晚期，腔骨龍超科動物出現在生命演化史上。這些腔骨龍超科動物和恐龍近親馬拉鱷龍一樣，是體型細長、行動敏捷且能以雙腳快速奔跑的肉食動物；牠們很快就大量繁衍並散播出去。

蜥腳形亞目與鳥臀目則偏離了原始恐龍的身體構造，演化成以四隻腳行走的草食性動物。鳥臀目很少在三疊紀岩層中出現，不過到侏羅紀早期似乎就開始多了起來。至於蜥腳形亞目則在三疊紀晚期迅速多元演化，很快就在全球各地建立起自己的地位；這些可能是龐大蜥腳下目動物古老近親或祖先的蜥腳形亞目動物，是第一批散佈各地並成功發展出草食性生活方式的恐龍。

傳統而言，這些三疊紀晚期與侏羅紀早期的蜥腳形亞目動物被稱為「原蜥腳下目動物」。在英格蘭布里斯托灣和威爾斯地區發現的槽齒龍就屬於原蜥腳下目，牠於西元1836年被命名，是第四種被命名並描述的恐龍。之後，類似的原蜥腳下目動物化石開始在全球各地三疊紀晚期岩層出現，蹤跡遍及南美洲、非洲與中國。部份原蜥腳下目動物如德國的板龍、阿根廷的里奧哈龍與南非的大椎龍等，都有好幾具化石出土。這些原蜥腳下目動物在外觀上讓人依稀聯想到樹獺，體型介於一至十一公尺之間，可能可以在二足或四足行走之間切換，並以植物、昆蟲為食，也可能吃肉。

在二十世紀期間，原蜥腳下目動物大部份時間都受到科學家冷落，牠們通常被認為是個無聊的類群，是演化的死胡同。然而到二十世紀的最後十年，原蜥腳下目的相關研究終於起飛。事實上，此類動物的演化與生物學目前早已成為恐龍研究中最為熱門的題目之一；其中最受關注的問題之一，在於蜥腳形亞目動物的演化樹。三疊紀晚期到侏羅紀早期的原蜥腳下目動物，是否為演化進程中的過渡種，為侏羅紀早期到白堊紀晚期蜥腳下目動物的前身？或者牠們其實自成一群，只是和蜥腳下目具有密切的親緣關係而已？科學家也一直仔細研究原蜥腳下目動物的成長、食性與運動方式。顯然，原蜥腳下目這種早期恐龍群系絕對不是不有趣，而且還有許多秘密待科學家發掘。

放在一名成年人旁邊的原蜥腳類板龍骨骼化石。板龍是最知名也是科學家研究地最透徹的原蜥腳下目恐龍，在德國的三疊紀晚期岩層出土化石有數千之多。板龍是大型草食性動物，體內有龐大的消化道，頸部短，頭部小且具有能夠啃食植物的葉狀齒。

板龍 PLATEOSAURUS

意義：「平坦的蜥蜴」。　發音：PLAT-eo-sore-uss

大多數種類的恐龍，都只有一件出土化石，有時甚至只有一塊骨頭。古生物學家會試著尋找完整的骨架化石，因為這類化石可以讓人更瞭解動物的結構、生活方式與演化關係，不過就實際狀況而言，這類化石其實非常罕見。

板龍這種原蜥腳下目恐龍則是個少見的例外。這種三疊紀晚期恐龍的化石竟然有超過五十具，它們大多來自德國薩克森自由邦和巴伐利亞地區的黏土礦場，其他如瑞士、冰天雪地的格陵蘭、甚至北海地區深度離地表一英里以上的三疊紀岩層等也有此類化石出土。

這些化石都讓研究人員以前所未有的方式洞悉了板龍的生態。就原蜥腳下目動物而言，這種動物體型相對龐大，體長可達十公尺，體重可達七百公斤。牠寬厚的頭顱底下點綴著幾顆葉狀齒，非常適合啃食植物，可能也讓牠能夠咬食小型獵物。許久以來，科學家一直認為板龍可以用兩足或四足行走，完全依牠在做些什麼而定；然而，近期研究卻顯示，板龍前肢的骨骼結構完全不適合用來行走。其他也有以板龍從胚胎到成獸過程的生長模式為題的研究，其研究成果顯示，這類動物的生長速度會隨季節改變，而這種情形在許多現存爬行動物身上也可以看到。

分類

動物界
　脊索動物門
　　蜥型綱
　　　祖龍超目
　　　　恐龍總目
　　　　　蜥腳形亞目
　　　　　　原蜥腳下目

化石出土地點

統計資料

棲地：	歐洲（法國、德國、挪威、瑞士）與格陵蘭
時期：	三疊紀晚期
體長：	6-10公尺
高度：	1.5公尺
重量：	500-700公斤
天敵：	獸腳亞目恐龍
食物：	植物與小型脊椎動物

體型比較

| 印度階 251.0–249.5 百萬年前 | 奧倫尼克志古階 249.5–245.9 百萬年前 | 安尼階 245.9–237.0 百萬年前 | 拉丁階 237.0–228.7 百萬年前 | 卡尼階 228.7–216.5 百萬年前 | 諾利階 216.5–203.6 百萬年前 | 雷蒂亞階 203.6–199.6 百萬年前 | 海塔其階 199.6–196.50 百萬年前 | 錫內穆階 196.5–189.6 百萬年前 | 普連斯巴奇階 189.6–183.0 百萬年前 | 托阿爾階 183.0–175.6 百萬年前 | 阿連階 175.6–171.6 百萬年前 | 巴柔階 171.6–167.7 百萬年前 | 巴通階 167.7–164.7 百萬年前 | 卡洛維階 164.7–161.2 百萬年前 | 牛津階 161.2–155.6 百萬年前 | 欽莫里階 155.6–150.8 百萬年前 | 提通階 150.8–145.5 百萬年前 |

| 三疊紀早期 251.0 - 245.9百萬年前 | 三疊紀中期 245.9 - 228.7百萬年前 | 三疊紀晚期 228.7 - 199.6百萬年前 | 侏羅紀早期 199.6 - 175.6百萬年前 | 侏羅紀中期 175.6 - 161.2 百萬年前 | 侏羅紀晚期 161.2 - 145.5百萬 |

三疊紀 251.0 - 199.6百萬年前

侏羅紀 199.6 - 145.5百萬年前

第三章 DINOSAURS OF THE EARLY - MIDDLE JURASSIC
侏羅紀早期至中期的恐龍

貝里亞階
145.5—140.2
百萬年前

凡藍今階
140.2—133.9
百萬年前

豪特里維階
133.9—130.0
百萬年前

巴列姆階
130.0—125.0
百萬年前

阿普第階
125.0—112.0
百萬年前

阿爾布階
112.0—99.6
百萬年前

森諾曼階
99.6—93.6
百萬年前

土崙階
93.6—88.6
百萬年前

科尼亞克階
88.6—85.8
百萬年前

桑托階
85.8—83.5
百萬年前

坎怕階
83.5—70.6
百萬年前

馬斯垂克階
70.6—65.5
百萬年前

白堊紀早期至中期 145.5 - 99.6百萬年前 | **白堊紀晚期 99.6 - 65.5百萬年前**

白堊紀 145.5 - 65.5百萬年前

雙脊龍 *DILOPHOSAURUS*

意義：「頭部有雙冠的蜥蜴」。 發音：*di-loh-fo-SORE-uss*

三疊紀晚期的獸腳亞目恐龍，體型大多為小型至中型，以體長兩至三公尺的腔骨龍為典型。體型較大者在侏羅紀早期開始多元化，其中包括一種外形極其怪異的肉食性恐龍之一：雙脊龍。

雙脊龍之名，來自於這種恐龍頭骨上方特有的一對薄片狀的脊或冠。儘管如此，並沒有證據顯示這種恐龍就像一般大眾文化的描繪一般，具有肉質頸部皺褶或是能夠噴出毒液。恐龍的頭骨上常常可以看到冠、角、突起或其他奇形怪狀的構造，這些構造的功能確有爭議，不過它們看來似乎不太適合用來抵禦掠食者，而比較能用來吸引異性或分辨雌雄。

雙脊龍的化石標本不多，只有少數幾件，大多出土於美國亞利桑那州北部的納瓦喬印地安保護區（Navajo Indian Reservation）。中國地區曾有類似的骨骼化石出土，並被敘述為雙脊龍的第二個種，此外，從美國東北部到義大利北部的許多地區，也曾經發現可能屬於雙脊龍的足跡化石。曾經有很長一段時間，科學家將雙脊龍歸屬到包含腔骨龍和理理恩龍在內的獸腳亞目腔骨龍超科之中，然而根據近年來的研究成果，雙脊龍實際上應該自成一獨立群系，歸為雙脊龍科，而出土於南極地區、頭部有冠的冰棘龍也是雙脊龍科動物。

分類

動物界
　脊索動物門
　　蜥型綱
　　　祖龍超目
　　　　恐龍總目
　　　　　獸腳亞目
　　　　　　雙脊龍科

化石出土地點

統計資料

棲地：北美洲（美國）、亞洲（中國）

時期：侏羅紀早期

體長：5-6公尺

高度：1.5-2公尺

重量：400-500公斤

天敵：無

食物：鳥臀目恐龍、鱷形超目動物

體型比較

冰棘龍 *CRYOLOPHOSAURUS*

意義：「寒冷有冠的蜥蜴」。　**發音**：*cry-oh-lo-fo-SORE-uss*

在提到恐龍化石挖掘現場的時候，你通常會聯想到沙漠和其他乾燥、塵土飛揚的地方，包圍著恐龍化石的石棺因為經年累月的風吹與炎熱而暴露在外。然而，恐龍化石不只會出現在撒哈拉沙漠或戈壁沙漠。第一具恐龍化石出土於涼爽多霧的英格蘭中部地區，有些化石是從海底下探測挖掘而出，更有好幾種恐龍化石是來自地球上最寒冷、最荒瘠的南極洲。

第一種在南極洲出土的恐龍是冰脊龍，一種來自侏羅紀早期體型龐大的原始獸腳亞目動物。西元1991年，美國古生物學家威廉·漢默（William Hammer）和探險隊在羅斯海海岸附近的橫貫南極山脈深處發現了這種恐龍。漢默一行人先在這個海拔超過四千公尺的地區發現好幾塊破碎的骨骼化石，進一步以手提鑽挖掘以後又找到好幾塊脊椎與頭骨，只可惜頭骨的一部份早已被冰河給削掉了。

冰脊龍是侏羅紀早期的少數幾種獸腳亞目恐龍之一，其骨架混合了許多原始獸腳亞目恐龍的特徵，相當奇特，因為這些特徵有些可以在腔骨龍科動物身上看到，也有許多屬於更進化的侏羅紀中晚期獸腳亞目恐龍。近期研究顯示，冰脊龍和雙脊龍與南非的龍獵龍的親緣關係很近，和南美洲的惡魔龍也可能是近親。這些獸腳亞目恐龍都屬於雙脊龍科，也就是生命史上第一個演化出現的大型獸腳亞目群系。

分類

動物界
　脊索動物門
　　蜥型綱
　　　祖龍超目
　　　　恐龍總目
　　　　　獸腳亞目
　　　　　　雙脊龍科

化石出土地點

統計資料

棲地	南極洲
時期	侏羅紀早期
體長	6-8公尺
高度	2-2.4公尺
重量	400-600公斤
天敵	無
食物	原蜥腳下目恐龍、原始哺乳動物

體型比較

單脊龍 *MONOLOPHOSAURUS*

意義：「有單一冠飾的蜥蜴」。　發音： *mon-o-loh-fo-SORE-uss*

　　堅尾龍類的演化是獸腳亞目演化史上很重要的一步。三疊紀晚期到侏羅紀早期未演化的原始獸腳亞目動物，在侏羅紀中期已被更進化的物種取代。然而，堅尾龍類亦非在一夜之間突然演化出現，也是慢慢地從一個演化群系中發展而來。

　　出土於中國的單脊龍能幫助科學家了解這個漫長且緩慢的演化過渡階段。單脊龍很明顯是堅尾龍類動物，因為牠具有許多該類特有的骨骼特徵。然而，這種生存在侏羅紀中期的恐龍從許多方面看來卻很像腔骨龍超科或雙脊龍科動物：牠狹長的頭骨上具有大型的薄片狀冠形裝飾。這是演化正在作用的一個徵兆。堅尾龍類來自狀似腔骨龍超科動物的祖先，而最古老的堅尾龍類身上保有許多祖先的原始特徵，也是合情合理。稍後，當堅尾龍類持續演化，到比較進化的類群如異特龍超科動物和虛骨龍類動物等身上，就再也看不到這些特徵了。

　　單脊龍於1981年在中國地區有著悠久回教傳統的新疆省準噶爾盆地出土。探險隊由中國古生物學家趙喜進帶隊；趙先生從1950年代起就開始挖掘恐龍，他的挖掘成果豐碩，讓中國贏得恐龍研究重鎮的美稱。

分類

動物界
　脊索動物門
　　蜥型綱
　　　祖龍超目
　　　　恐龍總目
　　　　　獸腳亞目
　　　　　　堅尾龍類

化石出土地點

統計資料

棲地：	亞洲（中國）
時期：	侏羅紀中期
體長：	5-6公尺
高度：	1.5-2公尺
重量：	400-600公斤
天敵：	無
食物：	蜥腳類恐龍、大型脊椎動物

體型比較

蜀龍 SHUNOSAURUS

意義：「出現在蜀地的蜥蜴」，蜀為中國四川古名。　發音： *shu-no-SORE-uss*

中國西南部四川省自貢市氣候悶熱，人口超過三百萬人，在過去兩千多年以來一直是中國鹽業貿易的中心，曾是非常富庶的地區。然而若回溯到約莫一億七千萬年以前，自貢市則是許多恐龍興盛繁衍的家園。

出土於自貢市的恐龍化石，有許多是全世界侏羅紀中期化石中最完整的標本。這些化石包括許多不同的種類，例如大型獸腳亞目堅尾龍類的氣龍、屬於原始鳥臀目的曉龍，以及好幾種長頸的蜥腳下目恐龍。在這些蜥腳龍下目恐龍中，最著名者是讓人大感驚奇的蜀龍，而且在全世界的蜥腳下目恐龍之中，蜀龍也是出土化石量大且頭骨保存狀況良好的少數種類之一。

就蜥腳下目恐龍而言，蜀龍的體型很小，與火山齒龍和其他原始蜥腳下目恐龍的大小差不多；然而除此以外，蜀龍在整體構造上卻與巨腳龍非常相似，兩者可能是親緣關係相近的早期蜥腳下目恐龍。蜀龍和其他蜥腳下目恐龍的不同點，在於蜀龍的尾巴有相當驚人的演化適應。大多數蜥腳下目恐龍的長尾巴都是朝末端愈形尖細，而蜀龍的尾巴上卻有一個好幾節脊椎骨癒合形成的球狀槌；這個構造很有可能是蜀龍的防禦機制，幫助牠抵禦氣龍和其他掠食者的侵擾。

蜀龍身上還有另一個奇怪的特徵：牠的頸子很短。在原蜥腳下目動物演變到蜥腳下目動物的過程中，此類動物的頸椎數目逐漸增加，這可能是一種與生活型態相關的適應，能幫助牠們吃到較高的植物。然而，蜀龍卻反其道而行，因此牠有可能以高度較矮的灌木矮樹為食。這可能是一種很重要的演化適應，讓蜀龍能和數種長頸蜥腳下目恐龍在同一個環境中生存。

分類

動物界
　脊索動物門
　　蜥型綱
　　　祖龍超目
　　　　恐龍總目
　　　　　蜥腳形亞目
　　　　　　蜥腳下目

化石出土地點

統計資料

棲地：	亞洲（中國）
時期：	侏羅紀中期
體長：	9-11公尺
高度：	4-5公尺
重量：	10噸
天敵：	獸腳亞目恐龍
食物：	植物（松柏類植物）

體型比較

畸齒龍 *HETERODONTOSAURUS*

意義：「有不同牙齒的蜥蜴」。 發音：*hett-er-o-don-to-SAUR-uss*

雖然鳥臀目動物在三疊紀晚期到侏羅紀早期非常少見，仍然有一小群此類動物遍佈全球。這裡指的是畸齒龍科動物，第一個演化出現的鳥臀目主要子類群。畸齒龍科動物最早可見於南非地區三疊紀晚期的岩層，不過最知名種類卻是來自南非的畸齒龍屬，而畸齒龍科的名稱也是以這種小型動物為依據。

畸齒龍不同於後來的鳥臀目巨獸，牠的體型迷你，體長不超過一公尺二十五公分，體重大概只和一個小孩差不多。牠可能用雙足行走，還可能是個快跑好手。很奇怪的是，這種恐龍踝部和足部的許多骨頭都融合在一起，而這樣的結構可能可以讓畸齒龍更有力氣，幫助牠跑得更快。畸齒龍的前肢掌部非常長，而且有強有力的爪子，代表這種動物可能會吃肉，然而從牙齒來看，卻顯示畸齒龍多以植物為食。

這些牙齒是畸齒龍身上最與眾不同的特徵，也是命名的依據。大多數恐龍的齒列都相當簡單，所有牙齒看起來都一樣；然而畸齒龍卻很特別，具有三種不一樣的牙齒，還有可以用來嚙食植物的喙。畸齒龍喙的後方有一排結構簡單的錐狀小牙，之後是一對分別長在上下頜後方的獠牙，而獠牙後方則有幾顆堅固的方形齒，與人類臼齒相似，可能具有咀嚼的功能。獠牙的功能不明，不過可能有助於吸引異性，或是用來挖掘小蟲，補充草食性飲食的不足。

來自南非的醒龍和狼嘴龍，以及其他來自南美洲、北美洲與歐洲的未命名種也都屬於畸齒龍科動物。牠們生存於三疊紀晚期到白堊紀早期之間，這也表示畸齒龍科動物是一類非常多樣且分佈廣泛的重要恐龍群系。

分類

動物界
　脊索動物門
　　蜥型綱
　　　祖龍超目
　　　　恐龍總目
　　　　　鳥臀目
　　　　　　畸齒龍科

化石出土地點

統計資料

棲地：非洲（南非）

時期：侏羅紀早期

體長：1-1.25公尺

高度：0.5-1公尺

重量：20-30公斤

天敵：獸腳亞目恐龍

食物：植物、小型脊椎動物、昆蟲

體型比較

稜背龍 *SCELIDOSAURUS*

意義：「腿蜥蜴」。　發音：*skeh-lide-o-SORE-uss*

劍龍下目和甲龍下目都是非常特別的恐龍類群。甲龍下目動物因為其裝甲狀的外觀而聞名，而劍龍下目動物身上的骨板和尾刺則專屬於這個類群。科學家將這兩類鳥臀目子類群放在覆盾甲龍亞目之下，因為牠們具有好幾個相同的演化特徵，其中尤以覆蓋全身的體甲最為重要。

來自英格蘭地區侏羅紀早期岩層的草食性稜背龍，則是另一類被歸類到覆盾甲龍亞目下的動物。稜背龍最早於1850年代出土於英格蘭多塞特郡，稍後於1860年由理查·歐文命名。在早期出土的化石中，稜背龍是第一具幾乎完整且保存狀況良好的恐龍骨架化石。時至今日，這種小型裝甲恐龍的出土骨架化石已有好數具，有些甚至名列至今最漂亮也最讓人驚艷的標本。

這些化石讓科學家得以了解稜背龍的身體構造與生活型態。稜背龍體長大約四公尺，有小型葉狀齒，表示牠是草食性動物；牠和其他草食性鳥臀目恐龍不一樣的地方，可能在於稜背龍並不會咀嚼食物。稜背龍的頜骨構造簡單，只能上下活動，欠缺咀嚼所需的水平活動能力。將稜背龍和其他覆盾甲龍亞目動物連接在一起的重要特徵，是牠身上幾乎覆蓋全身的體甲。牠的背上滿是一排排平行分佈的鱗甲，身軀兩側各有一排，尾巴則由四排鱗甲覆蓋。這些骨板大多呈橢圓形，不過身體兩側頭骨後方都有一個獨特的三尖骨板。

儘管有大量化石出土，科學家仍然對稜背龍的分類地位爭論不休。牠顯然屬於覆盾甲龍亞目，不過在此之下，有些科學家認為牠應該歸到劍龍下目，其他則將牠視為甲龍下目動物的一種。然而，稜背龍並沒有這兩類群的演化特徵，因此最有可能是在劍龍和甲龍之前演化出現的原始覆盾甲龍亞目動物。

分類

動物界
　脊索動物門
　　蜥型綱
　　　祖龍超目
　　　　恐龍總目
　　　　　鳥臀目
　　　　　　覆盾甲龍亞目

化石出土地點

統計資料

棲地：歐洲（英格蘭）

時期：侏羅紀早期

體長：3.5-4.5公尺

高度：0.5-1公尺

重量：250-300公斤

天敵：獸腳亞目恐龍

食物：植物（低矮灌木）

體型比較

印度階
251.0–249.5
百萬年前

奧倫尼克階
249.5–245.9
百萬年前

安尼階
245.9–237.0
百萬年前

拉丁階
237.0–228.7
百萬年前

卡尼階
228.7–216.5
百萬年前

諾利階
216.65–203.6
百萬年前

雷蒂亞階
203.6–199.6
百萬年前

海塔其階
199.6–196.50
百萬年前

錫內繆階
196.5–189.6
百萬年前

普連斯巴奇階
189.6–183.0
百萬年前

托阿爾階
183.0–175.6
百萬年前

阿連階
175.6–171.6
百萬年前

巴柔階
171.6–167.7
百萬年前

巴通階
167.7–164.7
百萬年前

卡洛維階
164.7–161.2
百萬年前

牛津階
161.2–155.6
百萬年前

啟莫里階
155.6–150.8
百萬年前

提通階
150.8–145.5
百萬

三疊紀早期 251.0 - 245.9百萬年前　　三疊紀中期 245.9 - 228.7百萬年前　　三疊紀晚期 228.7 - 199.6百萬年前　　侏羅紀早期 199.6 - 175.6百萬年前　　侏羅紀中期 175.6 - 161.2 百萬年前　　侏羅紀晚期 161.2 - 145.5百萬

三疊紀 251.0 - 199.6百萬年前　　　　　　　　　　　　　侏羅紀 199.6 - 145.5百萬年前

第四章 DINOSAURS OF THE LATE JURASSIC
侏羅紀晚期的恐龍

貝里亞階
145.5—140.2
百萬年前

凡藍今階
140.2—133.9
百萬年前

豪特里維階
133.9—130.0
百萬年前

巴列姆階
130.0—125.0
百萬年前

阿普第階
125.0—112.0
百萬年前

阿爾布階
112.0—99.6
百萬年前

森諾曼階
99.6—93.6
百萬年前

土倫階
93.6—88.6
百萬年前

科尼亞克階
88.6—85.8
百萬年前

桑托階
85.8—83.5
百萬年前

坎帕階
83.5—70.6
百萬年前

馬斯垂克階
70.6—65.5
百萬年前

白堊紀早期至中期 145.5 - 99.6百萬年前

白堊紀晚期 99.6 - 65.5百萬年前

白堊紀 145.5 - 65.5百萬年前

角鼻龍 *CERATOSAURUS*

意義：「有角的蜥蜴」。　發音：*sir-AT-o-sore-uss*

　　進化的獸腳亞目堅尾龍類動物是侏羅紀晚期的王者。堅尾龍類如體型巨大的異特龍，在大多數侏羅紀晚期生態系中扮演著主要掠食者的角色，而體型較小、較光滑的虛骨龍類則處於剛開始多元演化的階段。然而，有些非常原始的獸腳亞目動物卻能和這些較為進化的堅尾龍類動物共存；這裡指的是角鼻龍下目動物，一個在原始腔骨龍超科動物出現以後才從獸腳亞目家族分支演化的謎樣群系，其演化出現的時間早於堅尾龍類。

　　角鼻龍下目的稱呼來自於角鼻龍，一類常見於美國西部莫里遜組的獸腳亞目恐龍之一。近年來，這類獸腳亞目恐龍的化石也在歐洲出土，而非洲也出現了一些可疑的標本。角鼻龍為大型獸腳亞目動物，體長將近九公尺，體重可能將近一頓。儘管如此，角鼻龍的體型卻比同時期的莫里遜組獸腳亞目動物如異特龍和蠻龍小了些，而且可能以較小型的鳥腳下目恐龍而非大型蜥腳下目恐龍為食。

　　角鼻龍發現於惡名昭彰的「化石戰爭」期間，由馬什在西元1884年命名。牠因為頭骨上有三個角而被稱為「有角的蜥蜴」，其中吻部鼻孔上方的角又大又細，另外兩個較厚的環形角則位於眼睛上方。這樣的構造也許可以用來攻擊掠食者或爭奪食物殘骸，不過比較可能是用來吸引異性的展示特徵。其他特殊的骨骼構造包括沿著背部分佈的一排骨板與高度融合的骨盤，其中前者常見於鳥臀目恐龍。

　　角鼻龍長久以來一直被認為是苟延殘喘的腔骨龍超科動物，也許是這類三疊紀晚期至侏羅紀早期群系的最後一個成員。然而，近期研究顯示角鼻龍其實比腔骨龍超科動物更為進化，因此被認為是獸腳亞目下的獨立類群。其他同屬角鼻龍下目的恐龍還有體型較為修長、來自非洲的輕巧龍和棘椎龍，以及一個被稱為阿爾伯托龍科的群系，而到了白堊紀中期至晚期，阿爾伯托龍科動物甚至成為普遍分佈於南半球的動物。

分類

動物界
　脊索動物門
　　蜥型綱
　　　祖龍超目
　　　　恐龍總目
　　　　　獸腳亞目
　　　　　　角鼻龍下目

化石出土地點

統計資料

棲地：北美洲（美國），可能也出現在歐洲（葡萄牙）和非洲（坦尚尼亞）

時期：侏羅紀晚期

體長：6-8公尺

高度：2-2.5公尺

重量：500-1000公斤

天敵：無

食物：蜥腳下目恐龍與鳥臀目恐龍

體型比較

永川龍 YANGCHUANOSAURUS

意義：以發現地中國四川省永川縣為名。　發音：yang-CHOO-an-o-sore-uss

當異特龍在北美洲莫里遜組地區穿梭的時候，牠的近親永川龍則統治著中國。永川龍也屬於異特龍超科，個頭比牠那知名度較高的親戚稍微小了點。儘管如此，永川龍絕對也不是什麼溫馴的動物。牠的體長約九公尺，體重約一噸，在當時中國地區的生態系中是體型最大的肉食性動物，以周圍數量豐富的蜥腳下目和劍龍下目動物為食。

永川龍的出土化石有兩件，分別被敍述成兩種不同的物種。兩件化石都來自中國境內很早就因為恐龍化石而聲名大噪的四川省沙溪廟地層。西元1976年，工人在當地進行水壩工程時挖出了第一具骨骸；這個標本在三年後受到正式描述，並以發現地為命名依據。沒多久，另一具化石標本出土，而且光是頭骨就超過一公尺長。

這類恐龍最特別的地方，在於牠的頭骨輕到讓人難以置信。雖然牠的頭顱很長，其中卻有許多是可能充滿空氣的中空骨頭。這樣的特徵在吻部前端尤其明顯，骨頭表面佈滿了許多開孔。由於這些開孔與鼻竇相通，可能可以增進嗅覺或提升呼吸效率，不過也有可能只是單純減輕頭骨重量而已。

中華盜龍這種同樣來自中國的獸腳亞目動物與永川龍非常相似。這兩種肉食性恐龍同屬異特龍超科，同樣都有獨特、重量減輕的頭骨。然而，中華盜龍生存的時間比永川龍早了好幾百萬年，是侏羅紀中期後段的動物。科學家將這兩種獸腳亞目動物一起歸類到中華盜龍科之下，顯見，中華盜龍科動物在亞洲生態系扮演了好幾百萬年的最高級掠食者。

分類

動物界
　脊索動物門
　　蜥型綱
　　　祖龍超目
　　　　恐龍總目
　　　　　堅尾龍類
　　　　　　異特龍超科
　　　　　　　中華盜龍科

化石出土地點

統計資料

棲地：亞洲（中國）

時期：侏羅紀晚期

體長：7.5-9.75公尺

高度：2公尺

重量：900-1000公斤

天敵：無

食物：蜥腳下目恐龍與鳥臀目恐龍

體型比較

始祖鳥 *ARCHAEOPTERYX*

意義：「古代的翅膀」。　發音：*ark-e-op-ter-IX*

　　始祖鳥是恐龍界的明星，為目前已知最古老也最原始的鳥類。在所有中生代生物化石之中，唯有牠才享有如此高的知名度，存在著如此大的爭議，或是受到如此仔細的研究。在演化生物學的許多熱門議題中，始祖鳥都是討論的中心。現在，始祖鳥被認為是支持恐龍與鳥類演化關係的關鍵證據，備受研究鳥類起源和鳥類早期演化的科學家所珍視。

　　西元1860年，始祖鳥的一根羽毛化石出土；牠的第一具骨骼化石在一年後問世，出自德國巴伐利亞地區著名的索倫霍芬灰岩採石場。化石凍結了時間，保留了這隻動物伸長且被壓碎的身軀，看起來像是爬行動物和鳥類的奇異嵌合體。牠那延長有骨的尾部與牙齒和爬行動物類似，然而身上讓人大吃一驚的羽毛以及質輕且中空的骨骼，卻是鳥類的主要特徵。

　　奇特的是，始祖鳥的發現只比達爾文初次發表演化論的時間晚了兩年，彷彿是天註定一般。在達爾文發表演化論以後，世人普遍對他的想法感到困惑且憤怒，要求他提出清楚的證據，證明演化是現在進行式，而這個半鳥半爬行動物的始祖鳥，是介於鳥類與爬行動物之間的完美過渡型式，無疑是演化的中間物種。這塊小化石上的精美羽毛與大體而言屬於爬行動物的身體，成了第一個能夠展現在世人眼前的具體演化證據。始祖鳥在很大程度上協助證明了演化的真實性。

　　在1861年第一具始祖鳥化石破天荒出土以後，又陸續出土了九件始祖鳥化石，而且全都來自德國境內的同一個採石場。偌大的翅膀與複雜的腦部顯示始祖鳥具有飛行能力，不過胸骨與上臂缺乏強壯肌肉附著，卻又表示牠的飛行能力比不上大多數現代鳥類。此外，牠的腳也和大多數現代鳥類不同，並不適合攀附在樹上。牠可能以地面為主要活動空間，以捕獵小型脊椎動物和昆蟲為食。始祖鳥的掌很大且具有尖爪，與近親虛骨龍類動物相似，卻不同於現代鳥類前肢掌部縮短且融合的特徵。始祖鳥的前臂可能同時具有飛行與獵捕的能力，而現代鳥類的前臂則完全用作飛行。

柏林的始祖鳥標本於1876或1877年在德國艾希施泰特出土。牠看起來既像恐龍又像鳥，因此被稱為演化進行式化石。牠確實為全世界最知名的化石之一，目前在德國柏林自然史博物館展出。

分類	化石出土地點	統計資料	體型比較
動物界		棲地：歐洲（德國）	
脊索動物門		時期：侏羅紀晚期	
蜥型綱		體長：30-46公分	
祖龍超目		高度：15公分	
恐龍總目		重量：1-3公斤	
獸腳亞目		天敵：大型獸腳亞目恐龍	
虛骨龍類		食物：蜥蜴、小型哺乳類動物、昆蟲	
鳥綱			

腕龍 *BRACHIOSAURUS*

意義：「前臂蜥蜴」。 發音：*BRACK-e-o-sore-uss*

能和腕龍一樣廣受歡迎的恐龍並不多。曾有很長一段時間，這種生活在侏羅紀晚期的蜥腳下目恐龍被認為是科學已知體型最大的恐龍。雖然近年來，因為阿根廷龍和地震龍等新物種的發現，腕龍相形失色，不過牠仍然是地球上曾經出現過體型最大的動物之一。

腕龍的體長與馬門溪龍相當，都可達到二十五公尺。然而，腕龍卻更為龐大，體重可能高達五十噸。在蜥腳下目恐龍之中，腕龍的頭骨很特別，頂部呈寬廣的圓頂狀；此圓頂部份可能是共鳴腔的所在位置，幫助牠製造聲音以為溝通之用。腕龍的牙齒寬大，為鑿狀齒，適合用來啃食較硬的植物，例如在侏羅紀晚期茂盛生長的松柏類植物。

腕龍最特別的地方可能在於牠那比後肢還長的前肢。就大多數恐龍和大多數陸生動物來說，後肢至少都比前肢稍微長一點。腕龍前肢長於後肢的奇特狀態，可能可以幫助牠把頭抬高，或是讓牠更容易吃到較高的植物。由於腕龍和數種蜥腳下目恐龍一起生存在侏羅紀晚期，這些蜥腳下目動物之間可能會競爭相同的食物來源，因此這種適應可能至關重要。

目前為止已出土的腕龍化石並不多，其中有兩件是來自美國西部莫里遜組的不完整骨架，其餘包括頭骨在內的標本，則和輕巧龍一起出土於非洲的敦達古魯組，科學家因此推斷，北美洲和非洲的侏羅紀晚期恐龍群落可能很類似。近年來，北美洲白堊紀早期岩層出現了腕龍的近親，這些包括波塞東龍和雪松龍在內的動物，顯示腕龍科動物在侏羅紀晚期達到鼎盛以後，仍然存續了相當長的一段時間。

分類

動物界
　脊索動物門
　　蜥型綱
　　　祖龍超目
　　　　恐龍總目
　　　　　蜥腳形亞目
　　　　　　蜥腳下目
　　　　　　　腕龍科

化石出土地點

統計資料

棲地：北美洲（美國）和非洲（坦尚尼亞）

時期：侏羅紀晚期

體長：20-25公尺

高度：5-6公尺

重量：30-50噸

天敵：獸腳亞目恐龍

食物：植物（松柏類）

體型比較

華陽龍 HUAYANGOSAURUS

意義：以發現地四川省的別名「華陽」為名。 **發音：** *hwa-yang-o-SORE-uss*

鳥臀目包含許多身披裝甲、生存於侏羅紀中期至白堊紀早期的草食性動物，劍龍下目為其中的一支。沿著背部分佈的骨板與尾部的刺棘，讓人一眼就能馬上辨認出這些四足動物。

華陽龍是劍龍下目動物中最古老也最原始的一屬，出土於中國地區侏羅紀中期岩層。有關該屬的仔細研究，幫助科學家了解了劍龍下目動物的早期演化史，並因而能將牠們歸類到鳥臀目的大家庭中。華陽龍只有一具完整的骨架化石，而且很幸運地包含了保存狀況良好的完整頭骨。華陽龍的骨架和其他劍龍下目恐龍有許多共同特徵，例如有助於增加消化道空間的延長脊椎，以及背部的一排骨板。華陽龍和劍龍的差異，在於劍龍的骨板又寬又薄，而華陽龍的甲冑較為銳利且狀似刺棘。

比華陽龍晚出現的其他劍龍下目恐龍有著又長又細的頭骨，從頭骨上方往下看，顯得非常地窄，其他鳥臀目恐龍的頭骨就比較寬，形狀也較方正。很令人訝異的是，華陽龍的頭骨又寬又結實，與甲龍下目動物和稜背龍的頭骨非常相似。事實上，科學家目前將這些動物全都歸到覆盾甲龍亞目之下。華陽龍的頭骨形狀顯示，原始劍龍下目恐龍在外觀上看來和牠們的親戚很接近，不過大多數劍龍下目恐龍的頜骨前端牙齒都被喙所取代，以利啃食植物，而華陽龍卻保有頜骨前端的牙齒。這也再次顯示，原始劍龍下目動物與其他鳥臀目群系的相似度比較高。

這種重要的早期劍龍下目動物初次於1982年發現，自此以後又有數具骨架化石出土。牠是中國地區侏羅紀中期恐龍的名龍之一，可能和氣龍等駭人的掠食者一起生存。曾有學者提出，華陽龍臀部上方的大型刺棘，可能對氣龍與其他大型獸腳亞目恐龍等具有威嚇作用。

分類

動物界
　脊索動物門
　　蜥型綱
　　　祖龍超目
　　　　恐龍總目
　　　　　鳥臀目
　　　　　　覆盾甲龍亞目
　　　　　　　劍龍下目

化石出土地點

統計資料

棲地：亞洲（中國）

時期：侏羅紀中期

體長：4.5公尺

高度：1.5公尺

重量：900-1000公斤

天敵：獸腳亞目恐龍

食物：植物（低矮灌木、蕨類）

體型比較

怪嘴龍 *GARGOYLEOSAURUS*

意義：「滴水嘴獸般的蜥蜴」。　發音：*gahr-GOYL-o-sore-uss*

　　甲龍下目這類身披重甲、狀似坦克的草食性恐龍是博物館展示的常客，也是一群非常特別的動物。這些外形狀似犰狳的恐龍行動緩慢，尤其常見於白堊紀晚期中段，在北美洲與亞洲的許多生態系中都是非常具有優勢的草食性動物。除了非洲以外的每個大陸，都有許多種甲龍下目動物出土。牠們也和其他恐龍一樣，在白堊紀－第三紀滅絕事件中畫下句點。

　　甲龍下目和大多數恐龍類群一樣，在演化之初非常罕見，一直到後來才變得比較普遍並散播到世界各地。最老也最原始的甲龍下目動物之一，來自美國懷俄明州的侏羅紀晚期岩層，外形非常怪異。這種恐龍外觀醜惡，因此科學家便以西方文化中世紀時期教堂的奇異石雕裝飾，將牠命名為「*Gargoyleosaurus*」，中文稱為怪嘴龍。

　　怪嘴龍是體型最小的甲龍下目動物之一。牠的骨架只有約莫三公尺長，大約是白堊紀晚期巨型甲龍下目動物的三分之一。那方方正正的頭骨也不大，只有不到三十公分長，不過卻和其他甲龍下目動物具有相同的重要特徵。舉例來說，其頭骨癒合程度極高，覆滿了雕塑般的裝甲骨板，並且缺乏其他恐龍身上的頭骨開孔。這些包括眶前窗與下顎骨下頜孔在內的開孔，可能為了讓怪嘴龍的頭骨更密實堅固而閉合。怪嘴龍的牙齒很簡單，和其他甲龍一樣，都是錐狀齒，可能可以用來撕裂較柔軟的植物，不過不具有咀嚼功能。

　　科學家將怪嘴龍視為非常原始的甲龍下目動物，牠也很有可能是甲龍科動物中最原始的成員。甲龍科有許多大型動物，例如具有尾槌的甲龍和真板頭龍。怪嘴龍的頭骨也和華陽龍的頭骨非常相似，為甲龍下目和劍龍下目之間密切的親緣關係提供了更多證據。

分類	化石出土地點	統計資料	體型比較

分類

動物界
　脊索動物門
　　蜥型綱
　　　祖龍超目
　　　　恐龍總目
　　　　　鳥臀目
　　　　　　覆盾甲龍亞目
　　　　　　　甲龍下目

化石出土地點

統計資料

棲地：北美洲（美國）

時期：侏羅紀晚期

體長：3公尺

高度：1公尺

重量：900-1100公斤

天敵：獸腳亞目恐龍

食物：植物（低矮灌木、蕨類）

體型比較

橡樹龍 *DRYOSAURUS*

意義：「橡樹蜥蜴」。　發音：*dry-oh-SORE-uss*

大多數鳥腳下目恐龍都是又大又粗壯、以四肢緩慢行走的草食性動物。有些種類偶爾可以用雙腳站立，不過可能只是因為覓食所需。這些笨重且行動緩慢的動物，可能是以群居的方式來躲避掠食者攻擊。

然而在原始的鳥腳下目恐龍中，還是有一些構造與姿態特出的種類；在侏羅紀晚期北美洲和非洲活動的橡樹龍就屬於此類，而且牠還是知名度最高的原始鳥腳下目恐龍之一。這種小型草食性恐龍的身體型態比較接近獸腳亞目而非鴨嘴龍科。牠細長輕巧，絕對也是快跑好手。橡樹龍的

前肢非常短，所以只能靠雙腳行走。然而牠的頭骨卻像其他鳥腳下目動物一樣：前端有喙且非常適合咀嚼植物。

橡樹龍和彎龍一起生活在北美洲莫里遜生態系中。由於彎龍的體長約為橡樹龍的兩倍，體重約為十倍，這兩種鳥腳下目恐龍的生活形態可能也不同。坦尚尼亞的敦達古魯岩層也曾出土數百件獨立的橡樹龍化石，不過非洲卻未曾發現過彎龍。由於莫里遜生態系和敦達古魯生態系都充斥著像是異特龍、角鼻龍和輕巧龍等大型掠食者，也難怪橡樹龍會演化出適合奔跑的身體構造。

分類

動物界
　脊索動物門
　　蜥型綱
　　　祖龍超目
　　　　恐龍總目
　　　　　鳥臀目
　　　　　　鳥腳下目

化石出土地點

統計資料

棲地：北美洲（美國）、非洲
　　　（坦尚尼亞）

時期：侏羅紀晚期

體長：2.5-4.3公尺

高度：1.5公尺

重量：80-90公斤

天敵：獸腳亞目恐龍

食物：植物（松柏類植物、低矮灌木）

體型比較

印度階
251.0-249.5
百萬年前

奧倫尼克階
249.5-245.9
百萬年前

安尼階
245.9－237.0
百萬年前

拉丁階
237.0－228.7
百萬年前

卡尼階
228.7－216.5
百萬年前

諾利階
216.5－203.6
百萬年前

雷蒂亞階
203.6－199.6
百萬年前

海塔其階
199.6－196.50
百萬年前

錫內穆階
196.5－189.6
百萬年前

普連斯巴奇階
189.6－183.0
百萬年前

托阿爾階
183.0－175.6
百萬年前

阿連階
175.6－171.6
百萬年前

巴柔階
171.6－167.7
百萬年前

巴通階
167.7－164.7
百萬年前

卡洛維階
164.7－161.2
百萬年前

牛津階
161.2－155.6
百萬年前

啟莫里階
155.6－150.8
百萬年前

提通階
150.8－145.5
百萬

三疊紀早期 251.0－245.9百萬年前　　**三疊紀中期 245.9－228.7百萬年前**　　**三疊紀晚期 228.7－199.6百萬年前**　　**侏羅紀早期 199.6－175.6百萬年前**　　**侏羅紀中期 175.6－161.2 百萬年前**　　**侏羅紀晚期 161.2－145.5**

三疊紀 251.0 - 199.6百萬年前　　　　　　　　　　　　　　　　　　　**侏羅紀 199.6 - 145.5百萬年前**

第五章 DINOSAURS OF THE EARLY-MIDDLE CRETACEOUS
白堊紀早期至中期的恐龍

貝里亞階
145.5—140.2
百萬年前

凡藍今階
140.2—133.9
百萬年前

豪特里維階
133.9—130.0
百萬年前

巴列姆階
130.0—125.0
百萬年前

阿普第階
125.0—112.0
百萬年前

阿爾布階
112.0—99.6
百萬年前

森諾曼階
99.6—93.6
百萬年前

土倫階
93.6—88.6
百萬年前

科尼亞克階
88.6—85.8
百萬年前

桑托階
85.8—83.5
百萬年前

坎帕階
83.5—70.6
百萬年前

馬斯垂克階
70.6—65.5
百萬年前

白堊紀早期至中期 145.5 - 99.6百萬年前

白堊紀晚期 99.6 - 65.5百萬年前

白堊紀 145.5 - 65.5百萬年前

棘龍 *SPINOSAURUS*

意義：「有棘的蜥蜴」。　發音：*spine-o-SORE-uss*

西元1910年，一位名叫恩斯特‧史特洛莫爾（Ernst Strome）的德國貴族搭上了一艘前往埃及的蒸氣船。史特洛莫爾為貴族後裔，父親是紐倫堡市市長，不過在接下來的幾個月，他把歐洲的各種舒適拋諸腦後，前往北非地區變化莫測的沙漠地帶。在那個時代，學界對非洲的化石紀錄所知不多，史特洛莫爾決心前往非洲尋找恐龍的蹤跡。

史氏的探險隊獲得了豐碩的成果。他和助理發現了相當多的化石，其中包括許多新種在內。在這些化石之中，有一種體積龐大、被稱為棘龍的獸腳亞目恐龍，和在此之前出土的化石都非常不一樣。頭骨碎片顯示這種動物的頭顱又長又扁，與鱷魚非常類似。最令人訝異的，是牠背部的脊椎往上發展成高聳的薄片，看起來好像支撐著一張帆一樣。此外，這隻動物顯然體型龐大，殘破不全的碎片全都比其他掠食性恐龍的化石大了許多。

棘龍這件奇妙的化石被運到德國，並在慕尼黑的一個展覽中成為焦點。然而，由於博物館離納粹總部不遠，在1944年某次盟軍空襲中意外炸毀。世界上唯一的一具棘龍化石化為灰燼，科學家只能以史氏的描述與繪圖作為研究依據。

近年來，許多新的棘龍化石出土，不過大多殘破不全，也還沒找到什麼還算完整的骨架。儘管如此，新化石確認了棘龍那奇異的外形，更顯示出棘龍可能是有史以來最龐大的肉食性動物。其中一件新出土的頭骨化石長達兩公尺——是最大的獸腳亞目恐龍頭骨化石。根據這件頭骨和其他化石，科學家估計棘龍體長應介於十至十八公尺之間。相較之下，即使是體型最大的暴龍個體，也很少會超過十二公尺。科學家提出的棘龍體重預估值不一，有人甚至認為棘龍體重可能可以達到二十噸，比任何蜥腳下目恐龍都還要重。然而，這樣的預估值相當極端，實際上，牠的體重比較可能介於六至九噸之間，不過對掠食性恐龍來說，仍舊是非常龐大的。

分類	化石出土地點	統計資料	體型比較
動物界		棲地：非洲（埃及、摩洛哥、尼日）	

動物界
　脊索動物門
　　蜥型綱
　　　祖龍超目
　　　　恐龍總目
　　　　　獸腳亞目
　　　　　　堅尾龍類
　　　　　　　棘龍科

棲地：非洲（埃及、摩洛哥、尼日）

時期：白堊紀早期至中期

體長：10-18公尺

高度：2.5-3公尺

重量：6-9噸

天敵：無

食物：獸腳亞目恐龍、鳥臀目恐龍與蜥腳下目恐龍

堅爪龍 *BARYONYX*

意義：「沉重的爪」。　發音：*bah-ree-ON-icks*

業餘化石獵人威廉·沃克（William Walker）終其一生都在英格蘭各地尋找化石。西元1983年，他找到業餘生涯中最重要的發現。當沃克在薩里郡某間磚公司的黏土礦場仔細搜查時，無意間發現了一件幾乎讓人難以置信的化石：一隻二十五公分長的獸腳亞目恐龍爪子。不只如此，當他繼續挖掘以後，竟然發現了一具將近完整、模樣與棘龍非常相似的獸腳亞目恐龍骨架。

堅爪龍為大型獸腳亞目動物，體型與異特龍相當，只比巨型獸腳亞目動物如暴龍小一點。牠比棘龍小了很多，不過卻和這種謎般的非洲掠食者具有許多共同特徵。最重要的共同特徵，是堅爪龍的背部脊椎也發展成大型帆狀結構。細長的棘從每塊脊椎往上延伸，以支撐帆狀物。堅爪龍的脊椎不長，不過有些棘龍科動物的脊椎卻可以達到超過兩公尺！牠的頭骨又長又窄，細瘦的吻部長滿了跟鱷魚一樣的錐狀齒。大多數獸腳亞目動物的前肢並不長，不過棘龍科動物的前肢卻又長又結實，上面還有讓人毛骨悚然的利爪作為獵食利器。

既然這種動物的身體結構如此奇特，牠們的覓食習性與生活型態又是什麼樣子？在這些方面，牠們似乎與鱷魚相似。在沃克的堅爪龍化石中，消化道的部份有魚鱗存在，而這也讓人做出棘龍科動物吃魚的結論。堅爪龍可能在水邊活動，和灰熊一樣地等待魚群順游而下。牠們又長又窄的頭骨，非常適合迅速潛入水中，長有利爪的前肢則可能用來戳刺魚隻之用。儘管如此，科學家亦曾在堅爪龍的消化道中找到禽龍的骨頭，表示堅爪龍比較可能是廣食性覓食者。當然，體長高達十三公尺的棘龍科動物，絕對是生態系中的最高級掠食者，想吃什麼就吃什麼。

分類

動物界
　脊索動物門
　　蜥型綱
　　　祖龍超目
　　　　恐龍總目
　　　　　獸腳亞目
　　　　　　堅尾龍類
　　　　　　　棘龍科

化石出土地點

統計資料

棲地：歐洲（英格蘭）

時期：白堊紀早期

體長：9-13公尺

高度：1.8-2.5公尺

重量：2500-5400公斤

天敵：無

食物：蜥腳下目恐龍與鳥臀目恐龍

體型比較

激龍 *IRRITATOR*

意義：「令人激動的」。　發音：*ear-e-tate-OR*

激龍這種來自南美洲的棘龍科動物有個古怪的名稱。這個名稱既非拉丁文亦非希臘文，而是來自英文，有「讓人激動的」之意。目前唯一的激龍化石是個幾近完整的頭骨，原本是由巴西的商業化石獵人挖掘取得。這些人用石膏動了手腳，在上面加上幾個假特徵，希望這個整容過的化石能夠賣到更好的價錢。當科學家終於開始研究這個頭骨的時候，他們難以分辨哪些是真的骨頭、哪些是被人動過手腳的部份。整個過程讓人煞費苦心且惱怒，才用這樣的名稱來形容這段過程。

然而，整個惱怒的過程仍然是值得的，因為激龍的頭骨在所有已出土的棘龍科動物化石中，可以說是最完整的一副。堅爪龍與或多或少有些貢獻的棘龍，幫助科學家描繪出棘龍科動物頭骨的主要特徵，不過激龍卻讓科學家有幸初次一窺整個頭顱的模樣。

整體而言，這個頭骨與鱷魚頭骨類似，也顯示出以魚類為食的適應特徵。牠的吻部狹窄，滿是沒有鋸齒的錐狀齒。這種牙齒常見於許多鱷魚、海豹與其他吃魚的動物身上，非常適合咬住滑溜溜的獵物。此外，吻部前端略為脹大，內含許多用以捕殺獵物的牙齒。牠的嘴內有次生顎，將嘴部和鼻孔隔開。這個特徵也出現在鱷魚身上，讓動物在水底下覓食的時候還能繼續用鼻子呼吸；牠也讓頭骨變得更堅固並增加咬合力，對於像棘龍科動物一樣以各種獵物為食的巨型掠食者，可能是必要的。

激龍來自巴西桑塔那組，一個曾經出土數百件美麗魚類與翼龍目動物化石的世界知名岩層。這個岩層也曾經出土另一件棘龍科動物吻部前端化石，學者據此將之命名為崇高龍。但科學家現在認為，這塊化石是另一個激龍頭骨的缺漏部份。

棘龍科動物的化石，尤其是牙齒，在南美洲和非洲很常見，不過在北美洲和亞洲大部份地區則未曾被發現。棘龍科動物顯然是白堊紀期間南半球最具優勢也最重要的掠食者，牠們可能大多生存於南半球，在機緣巧合下才散佈到北方大陸（歐洲）。

分類
動物界
脊索動物門
蜥型綱
祖龍超目
恐龍總目
獸腳亞目
堅尾龍類
棘龍科

化石出土地點

統計資料
棲地：南美洲（巴西）
時期：白堊紀早期
體長：8公尺
高度：1.5-1.8公尺
重量：900-960公斤
天敵：無
食物：蜥腳下目恐龍與鳥臀目恐龍、翼龍目動物

體型比較

高棘龍 *ACROCANTHOSAURUS*

意義：「有高棘的蜥蜴」。　發音： *ak-row-can-tho-SORE-uss*

　　高棘龍是白堊紀早期北美洲地區最兇猛的掠食者，其體長可達十二公尺，有如暴龍，不過三至四噸的體重，讓牠成為有史以來最龐大的陸生掠食者之一。這種巨獸的化石出土於美州草原，而且出土地點旁有非常多樣的蜥腳下目與鳥腳下目動物化石。雖然這些草食性恐龍體積龐大，牠們仍然無法抵抗高棘龍強有力的顎和鋒利的爪子。

　　高棘龍屬於異特龍超科，是常見於侏羅紀晚期的獸腳亞目子類群堅尾龍類的成員。從某些角度來看，高棘龍的外觀比較像棘龍科動物或暴龍科動物，事實上也常常被歸類為這些獸腳亞目子群系之中。巨大的頭骨超過一點二五公尺，滿嘴利牙與暴龍科動物的牙齒相似。牠的背脊往上延伸成盤狀棘，支撐著如同棘龍科動物的帆狀物或背部隆起。儘管如此，近期研究清楚顯示，由於全身多處骨骼特徵之故，高棘龍應屬於異特龍超科。

　　高棘龍與異特龍超科子群系鯊齒龍科恐龍非常類似，同屬鯊齒龍科的還有來自非洲的鯊齒龍和來自南美洲的南方巨獸龍。這些巨型恐龍在白堊紀早

分類	化石出土地點	統計資料	體型比較

動物界
　脊索動物門
　　蜥型綱
　　　祖龍超目
　　　　恐龍總目
　　　　　獸腳亞目
　　　　　　堅尾龍類
　　　　　　　異特龍超科
　　　　　　　　鯊齒龍科

棲地：北美洲（美國）、亞洲
時期：白堊紀早期
體長：12公尺
高度：1.8-2.5公尺
重量：3-4噸
天敵：無
食物：鳥臀目恐龍、鱷形超目動物

期至中期於南半球興盛繁衍，顯然在那些生態系中也位居最高級掠食者。除了體型龐大以外，高棘龍和這些巨型恐龍還有其他共同特徵，例如眼睛上方的明顯骨質隆起、為氣囊填滿的中空脊椎、恥骨末端可能可以附著強壯後腿肌肉的大型靴狀延伸。這個結論很清楚：外形奇特的高棘龍是這群南方巨型恐龍群系的北方代表。

　　高棘龍化石曾於德州和奧克拉荷馬州出土，目前有四具保存狀況極佳的骨架，科學家甚至能夠據此研究高棘龍的腦部細節，這在其他化石中通常是不可能的。此外，美國德州的白堊紀早期岩層也大量發現大型獸腳亞目動物足跡化石，大多數都可能屬於高棘龍。靠近德州格倫羅斯的一個足跡化石，甚至可能是一隻高棘龍追蹤蜥腳下目獵物的記錄，是直接以化石紀錄展現掠食行為的極少數範例之一。

鯊齒龍 *CARCHARODONTOSAURUS*

意義：「擁有鯊魚牙齒的蜥蜴」。　發音：*car-car-o-don-to-SORE-uss*

巨大的棘龍旁邊，還有另一種體型幾乎相當的獸腳亞目恐龍出沒。這種屬於異特龍超科的鯊齒龍，儘管身形較為細小，但其兇猛程度並不亞於棘龍。這些肉食性動物一起在白堊紀早期稱霸非洲北部的三角洲與沖積平原。在當時，身為小型草食性恐龍的日子絕對不好過！

鯊齒龍和棘龍一樣，原本是德國古生物學家恩斯特·史特洛莫爾根據化石碎片所描述的動物，也和棘龍化石一樣，毀於第二次世界大戰期間。幸運的是，近年來由保羅·塞里諾率領的化石挖掘隊發現了好幾具鯊齒龍化石，而且其中一件幾乎完整的頭骨，尺寸上在已出土的獸腳亞目動物頭骨化石中名列前茅。這塊頭骨化石的長度超過一點五公尺，比暴龍的頭骨還長，幾乎與棘龍頭骨相當。

棘龍的頭骨又長又窄，適合抓魚，相較之下，鯊齒龍的頭骨形狀就比較深厚結實，可以拿下大型獵物。在獸腳亞目之中，鯊齒龍的牙齒相當特別，其名稱亦由此而來。牠的牙齒和鯊魚的牙齒一樣又長又細，狀似刀刃，而且具有許多細小的鋸齒，非常適合用來切割獵物身上的肉。鯊齒龍頭骨的另一個特點，在於上面具有擴大的眶前窗（眼窩前方的開孔），可能有助於減輕頭骨重量，降低身體支撐頭部的負擔。

整個非洲北部都有鯊齒龍牙齒化石的蹤跡，表示牠在白堊紀早期至中期的大部份時間都是分佈極廣的優勢掠食者。近年來，科學家在非洲尼日找到了另一種鯊齒龍，牠和之前在埃及與摩洛哥出土的種類並不同，這可能是因為白堊紀中期的非洲北部被淺海分隔成許多相互隔離的區域，造成該屬動物在南方獨立演化出現的另一個種。

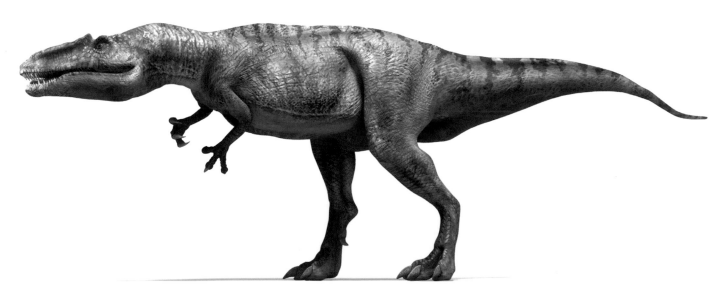

分類

動物界
　脊索動物門
　　蜥型綱
　　　祖龍超目
　　　　恐龍總目
　　　　　獸腳亞目
　　　　　　堅尾龍類
　　　　　　　鯊齒龍科

化石出土地點

統計資料

棲地：非洲（埃及、摩洛哥、尼日、突尼西亞）

時期：白堊紀早期至中期

體長：12-14公尺

高度：2.1-2.75公尺

重量：6000-7500公斤

天敵：無

食物：蜥腳下目恐龍與鳥臀目恐龍、小型獸腳亞目恐龍

體型比較

小盜龍 *MICRORAPTOR*

意義：「小型盜賊」。　發音：*my-krow-rap-TOR*

小盜龍這種小型獸腳亞目動物，可能是中國地區最重要的有羽毛恐龍。在一個巨型恐龍統治的世界中，這種毛茸茸、體長數尺體重不到四公斤半的小型恐龍尤其引人注目。牠屬於與鳥類親緣關係最近的馳龍科動物，是該群系的原始成員。小盜龍特異的身體構造與羽毛排列，正幫助科學家了解鳥類飛行能力的演化。

小盜龍化石為多年前惡名昭彰的「古盜龍」化石的一半。古盜龍出現於西元1999年，是不肖商人利用數件在遼寧出土的化石拼湊而成，當時被認為是鳥類演化的關鍵失落環節。科學家很快就察覺古盜龍其實是偽造品，不過也發現這件贗品的一部份，其實是非常精美的一件化石。這件具有長尾且覆滿羽毛的化石，於2000年由徐星等人命名並發表研究結果，將之認定為鳥類的近親。牠的軀體長度只有五公分，是唯一一種比始祖鳥還小的已知恐龍。這一點很重要，因為之前曾有評論，認為獸腳亞目動物體型過於龐大，不可能演化成體型小非常多的鳥類。

此外，小盜龍的腳上有彎曲修長的爪子。這些爪子和牠身上的其他特徵，都讓牠非常適合在樹上生活。這一點也很重要，因為科學家對於鳥類到底從在地上跑或住在樹上的動物演化而來，也爭論了非常久。在小盜龍出土以前，沒有任何恐龍如此清楚地顯示出樹棲的適應。由於這種馳龍科動物與鳥類關係密切，第一批鳥類很有可能就是在樹上演化出現的。

小盜龍的羽毛也很特別。在小盜龍被正式發表的三年以後，徐星和他的研究團隊描述了出土於同一岩層的第二種小盜龍。這隻動物甚至更怪異，比最初被當成屬名命名基準的種類又更加重要。第二種小盜龍看起來非常像鳥類，體型非常迷你，也顯示出適合樹棲的適應構造；然而，這隻新動物不只在前臂上有發育完全、覆滿羽毛的翅膀，而是連腳上也有。古生物學家對這四隻翅膀的存在大感震驚。所有現存鳥類只有前臂有翅，然而小盜龍的例子顯示，鳥類在剛演化出現的時候，可能是具有四隻翅膀的動物，和雙翼機一樣。更者，小盜龍就像這些早期的飛機一樣，可能是以前翼和後翼在不同高度滑行，這種特殊行為是未曾出現在其他動物身上的。

分類

動物界
　脊索動物門
　　蜥型綱
　　　祖龍超目
　　　　恐龍總目
　　　　　獸腳亞目
　　　　　　堅尾龍類
　　　　　　　虛骨龍類
　　　　　　　　馳龍科

化石出土地點

統計資料

棲地：亞洲（中國）

時期：白堊紀早期

體長：45-75公分

高度：22-36公分

重量：2-4公斤

天敵：獸腳亞目恐龍

食物：小型脊椎動物、昆蟲

體型比較

恐爪龍 *DEINONYCHUS*

意義：「恐怖的爪子」。　發音：*die-NON-e-kus*

　　恐爪龍發現於西元1964年，這種似鳥獸腳亞目動物的出土，對古生物學來說是個革命性的時刻。在此之前，恐龍被貶為愚蠢遲緩的動物，是演化的失敗，牠們的原始生活型態注定將牠們帶往滅絕之路。然而，約翰·奧斯特倫姆所描繪的恐爪龍，卻顛覆了科學家看待恐龍的方式。牠並不是什麼智能低下、行動緩慢的動物，而是動作敏捷、體態剛健的掠食者，對牠所生存的生態系極具威脅性。牠和鳥類的相似度極高，讓人再次想到赫胥黎提出的恐龍鳥類演化關係（參考第90頁）。

　　恐爪龍是馳龍群系的成員，在許多方面都非常典型。牠的體型中等，體長約三公尺，體重卻相對輕盈，只有八十至一百公斤左右。牠的骨架非常適合掠食與迅速活動。流線型的頭骨既輕又強壯，配有一組鋒利的牙齒。和其他恐龍相較之下，恐爪龍既聰明又靈敏。牠的腦部容量和眼睛都很大，這兩項都讓牠能比獵物擁有更敏銳的感官與更高的智能。

　　然而，頭骨只是恐爪龍的第一種武器而已。和大多數獸腳亞目動物相比，牠的前肢更長，而且三根指頭上都長了威脅性極高的爪子。令人難以置信的活動式肩關節讓牠能大幅甩出前臂，而這個動作是一種揮砍並抓住獵物的理想技巧。牠的尾巴長且堅挺，筆直伸出，可能可以增加牠的平衡和敏捷度。又長又細的後肢有巨大尖銳的第二指爪，不但可以用來砍傷獵物，也讓恐爪龍能夠緊緊抓住獵物的側面。

　　恐爪龍化石來自美國西部的白堊紀早期岩層。許多脫落的恐爪龍牙齒化石都和草食性鳥臀目健肌龍化石一起出土。恐爪龍可能成群獵食，因此能夠捕獵體型大很多的健肌龍。許多科學家都推測，成群的恐爪龍可能會採取跳躍攻擊，用爪子鎖定健肌龍的體側，將獵物撕扯致死。這不是什麼惡夢或電影，而是一億一千萬年前美洲平原的現實。

分類

動物界
　脊索動物門
　　蜥型綱
　　　祖龍超目
　　　　恐龍總目
　　　　　獸腳亞目
　　　　　　堅尾龍類
　　　　　　　虛骨龍類
　　　　　　　　馳龍科

化石出土地點

統計資料

棲地：北美洲（美國）

時期：白堊紀早期

體長：3-3.5公尺

高度：1公尺

重量：80-100公斤

天敵：無

食物：草食性恐龍

體型比較

阿根廷龍 *ARGENTINOSAURUS*

意義：「阿根廷的蜥蜴」。　**發音：***ar-jen-TEE-no-sore-uss*

　　儘管恐龍讓人著迷的原因有很多，許多人其實是受到牠們巨大的體型所吸引。中生代「恐怖蜥蜴」的體型在整個生命史中名列前茅，而在至今已出土的所有恐龍之中，阿根廷龍這種南美洲蜥腳下目恐龍體型可能是最為龐大的一類。這個紀錄保持者的體長可達到四十一公尺，體重可能高達九十噸，不但是最大的恐龍，也是有史以來最大的陸生動物。

　　阿根廷龍是龐大笨拙的巨型恐龍，身體又長又重，走起路來轟隆作響。牠的體型如此龐大，即使是南方巨獸龍這種和牠生活在同時期的最大型獸腳亞目恐龍之一，也不可能打倒牠。也許一大群南方巨獸龍會一起攻擊體型較小的阿根廷龍個體，或是以受傷或生病的阿根廷龍為目標。事實上必然是如此，因為若是單打獨鬥，強大的南方巨獸龍可能還是會被這種白堊紀的龐然大物所羞辱。

　　阿根廷龍化石只有一組破碎的脊椎和肢骨，其頭骨、尾巴和頸部則尚未出土，因此科學家很難估計牠的體型大小。然而，科學家將阿根廷龍的化石和其他有完整骨架化石的近親相比較，阿根廷龍個別骨骼和較完整蜥腳下目動物骨骼的尺寸差異，可以讓科學家知道阿根廷龍大概比其他蜥腳下目動物大多少。有些極端的估計值，甚至可達體長三十七公尺、體重八十至九十噸，不過這些只是以不完整化石為根據所提出的推測值。

　　無論阿根廷龍的確切體長與體重如何，牠和牠的許多近親一樣，都是極其龐大的動物。科學家認為，這些種類是泰坦巨龍類這個重要蜥腳下目子群系的原始成員。泰坦巨龍類包括像是薩爾塔龍和掠食龍等在白堊紀期間廣泛分佈於南方大陸岡瓦那的動物。事實上，牠們在當時是南方的主要草食性動物，而在同時期的北半球，蜥腳下目恐龍越來越少，各種鳥臀目群系（鳥腳下目和角龍下目）則逐漸興起，成為生態系中的優勢種類。

分類

動物界
　脊索動物門
　　蜥型綱
　　　祖龍超目
　　　　恐龍總目
　　　　　蜥腳形亞目
　　　　　　蜥腳下目
　　　　　　　泰坦巨龍類

化石出土地點

統計資料

棲地：	南美洲（阿根廷）
時期：	白堊紀早期至中期
體長：	33-41公尺
高度：	6-7.3公尺
重量：	75-90噸
天敵：	獸腳亞目恐龍
食物：	植物

體型比較

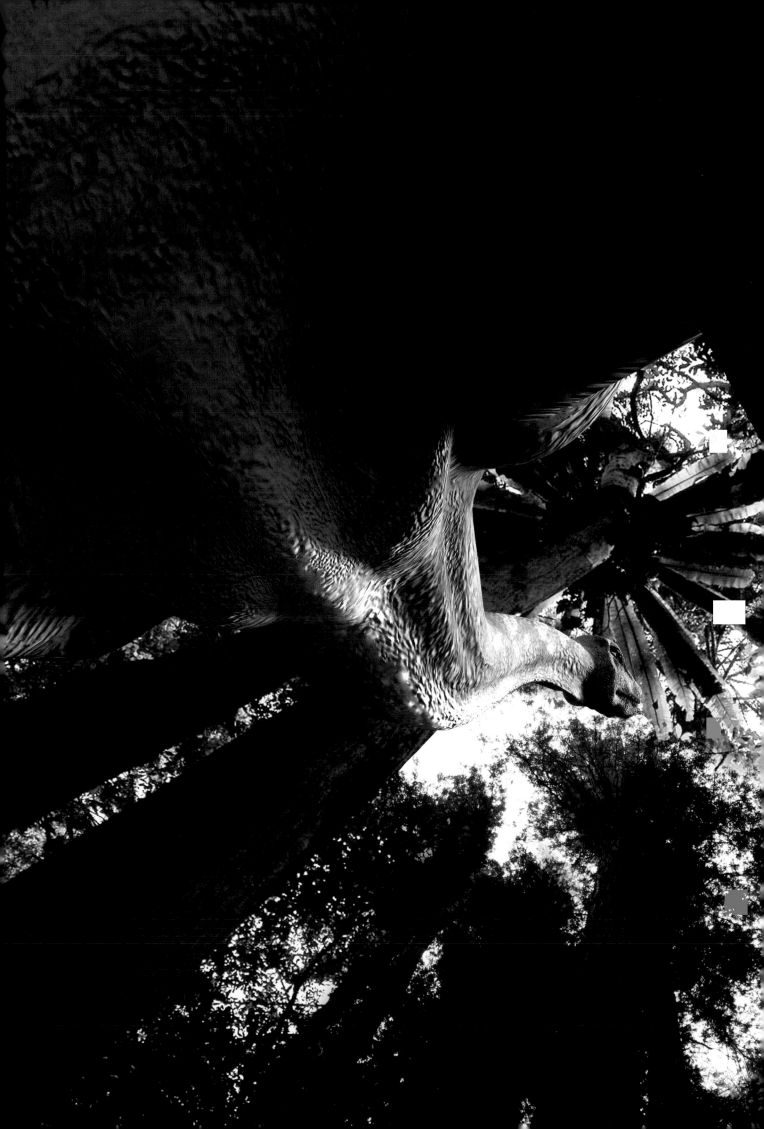

加斯頓龍 GASTONIA

意義：以發現者羅伯‧加斯頓命名。　發音：gas-TONE-e-uh

　　白堊紀早期的美國猶他州是很危險的地方。狡猾殘暴的猶他盜龍必須持續進食，才能維持牠和鳥類一樣的新陳代謝與笨重的體型。草食性恐龍不但在猶他盜龍的菜單上，還會持續不斷地受到其他獵食性恐龍成群追逐。對這些草食性動物來說，尋求保護是唯一一途，牠們必須自我防衛，否則就得面對眾多肉食性恐龍銳爪利齒的殘酷現實。

　　在肉食性恐龍的諸多獵物之中，大概沒有比加斯頓龍更裝備精良的動物了。這種草食性動物是甲龍下目群系的早期成員，甲龍下目是一群身披厚重裝甲、以四足行走的恐龍。甲龍下目動物獨有的體甲，是加斯頓龍的完美保護裝置。即使是可怕的猶他盜龍，可能都無法穿透那厚重的骨質甲殼，不過牠可能根本連嘗試的機會都沒有，因為加斯頓龍在肩頸部上有許多又大又直的刺棘，這些顯然是牠用來抵擋猶他盜龍和其他掠食者的防禦性武器，在情勢危急之前先行阻擋攻勢。

　　加斯頓龍為體型中等的甲龍下目動物，體長約可達三點七公尺。然而牠也像其他同類一樣非常笨重，體重可能至少有兩噸。目前發現的加斯頓龍有四五隻保存狀況良好的骨架化石一起出土，可能表示這種動物會集體行動。

　　科學家對於加斯頓龍的演化關係仍未達成共識。牠肯定屬於甲龍下目，不過更精確的演化關係卻還有爭議。有些科學家認為加斯頓龍屬於具有球形尾槌的甲龍科，是該群系的最原始成員；其他則在牠身上看到與侏羅紀晚期怪嘴龍和白堊紀早期多刺甲龍的相似性，認為這些種類應該歸類到多刺甲龍亞科這個獨立群系中。研究人員激烈地爭論著各種可能性，而這個問題可能得等到新化石出土才可能獲得解答。

分類

動物界
　脊索動物門
　　蜥型綱
　　　祖龍超目
　　　　恐龍總目
　　　　　鳥臀目
　　　　　　甲龍下目

化石出土地點

統計資料

棲地：北美洲（美國）
時期：白堊紀早期
體長：2.5-4.5公尺
高度：0.6-1.25公尺
重量：1.5-3.7噸
天敵：獸腳亞目恐龍
食物：植物

體型比較

蜥結龍 *SAUROPLTA*

意義：「甲盾蜥蜴」。　　**發音：** *sore-oh-PEL-ta*

蜥結龍是知名度最高的甲龍下目動物之一，是另一種經過演化適應，能夠承受馳龍科動物攻擊的動物。蜥結龍的化石在美國西部各地的白堊紀早期岩層都有出土，尤以懷俄明州和蒙大拿州的數量最為豐富。這些岩層同樣也有許多馳龍科動物化石，尤其是兇惡獵食性恐爪龍的脫落牙齒。蜥結龍可能是馳龍科動物的主要獵物，不過牠可以用集結在身上的厚重刺棘、骨板和體甲防禦。

出土的蜥結龍骨架化石有好幾具，讓科學家得以完整重建其體甲配置，如此仔細的研究很少出現在其他甲龍下目動物身上。蜥結龍的頸部上方覆蓋著兩排半球形鱗甲，背部與尾部則有骨板與較小的稜甲不規則散佈；到了臀部上方，這些骨板和稜甲癒合在一起，形成巨大堅固的盾板，也是這種動物被命名為「甲盾蜥蜴」的依據。蜥結龍的體側有一排令人生畏的尖刺，在頸部最為明顯，有些個體的尖刺長度可能比牠的頸部還長！整排尖刺往外往上突出—非常適合用來叉刺會發動跳躍攻擊的恐爪龍。

蜥結龍屬於甲龍下目中一個叫做結節龍科的子群。結節龍科是甲龍下目的第三大子群，排名在前的為甲龍科和多刺甲龍亞科。結節龍科動物有幾個特徵，例如頭部後方的圓形突起以及吻部前方的精細裝飾。牠們的吻部比其他甲龍下目動物狹窄，也沒有其他子群所具有的球狀尾槌。蜥結龍是結節龍科動物中最古老的屬之一，也是該子群中最受科學家透徹研究的種類。

分類

動物界
　脊索動物門
　　蜥型綱
　　　祖龍超目
　　　　恐龍總目
　　　　　鳥臀目
　　　　　　甲龍下目
　　　　　　　結節龍科

化石出土地點

統計資料

棲地：北美洲（美國）

時期：白堊紀早期

體長：5-8公尺

高度：0.67-1.5公尺

重量：2.6-2.8噸

天敵：獸腳亞目恐龍

食物：植物

體型比較

叢林龍 *HYLAEOSAURUS*

意義：「森林蜥蜴」。　發音：*hy-lay-e-oh-SORE-uss*

　　當理查‧歐文在西元1842年初次提出恐龍這個稱呼的時候，他在這個新類群中納入了三種蜥形動物：巨龍、禽龍和叢林龍。前兩種動物很容易辨識，巨龍是一種大型肉食性獸腳亞目恐龍，也是第一種被命名的恐龍；禽龍這種大型鳥腳下目恐龍，除了是最早被發現的幾種恐龍之一，在過去將近兩百年以來更讓科學家爭論不休；叢林龍在這三兄弟中最受忽視，是一種不受世人了解、注定會黯然失色的動物，因為叢林龍的出土化石真的不多。叢林龍只有兩件還算像樣的標本，不過兩者都不是太出色。儘管如此，這些標本仍然足以顯示，叢林龍屬於甲龍下目，是一種身披厚甲、以四足行走的草食性動物。就這樣，

叢林龍就成了最先出土的裝甲恐龍。

　　叢林龍的第一件化石在西元1832年於英格蘭東南部西薩塞克斯郡的蒂爾蓋特森林出土。這件絕大部份為體甲骨板的破碎標本，被交付給當時的頂尖古生物學家吉迪恩‧曼特爾（Gideon Mantell）進行研究，並於一年後正式命名。這種「叢林蜥蜴」身上有各種相當有趣的體甲。頸側和臀部皆有刺棘，背上覆蓋著一排排骨板。牠顯然和當時已知的任何大型爬行動物都不一樣。二十年以後，一隻實體大小的叢林龍模型於西元1853年納入倫敦水晶宮的展覽之中。牠是第一隻受到公開展示的裝甲恐龍，對於一般民眾將恐龍視為奇異爬行怪獸的認知，有著非常大的影響。

分類

動物界
　脊索動物門
　　蜥型綱
　　　祖龍超目
　　　　恐龍總目
　　　　　鳥臀目
　　　　　　甲龍下目

化石出土地點

統計資料

棲地：歐洲（英格蘭）

時期：白堊紀早期

體長：3-6公尺

高度：0.67-1公尺

重量：900-1100公斤

天敵：獸腳亞目恐龍

食物：植物

體型比較

敏迷龍 *MINMI*

意義：以澳洲出土地點附近的渡口為名。　發音：*min-ME*

　　恐龍化石在澳洲很罕見，而且大部份種類都只有幾塊破碎的標本。然而，甲龍下目的敏迷龍卻相當常見。目前已出土的骨架化石至少有五件，而且保存狀況相當完整，其他則還有一卡車的破碎化石。如此豐富的材料讓敏迷龍成為澳洲最知名的恐龍，也是南半球最完整也最被透徹研究的甲龍下目動物。

　　敏迷龍是史上體型最小的甲龍下目動物之一，體長約三公尺，體重大約數百公斤。牠的頭骨不到二十五公分長，而且有一排排適合切斷植物的葉狀齒。就甲龍下目而言，敏迷龍的腳很長，不過牠移動的速度仍然緩慢。儘管如此，即

使掠食者可以抓到牠也沒關係，因為牠厚重的體甲就是牠的保護殼，能防止獸腳亞目恐龍的攻擊。

　　敏迷龍的體甲和其他甲龍下目動物不同。大多數甲龍下目動物的頭骨緊密癒合，而且覆蓋著一層骨板，然而敏迷龍的頭部保護卻非常少。在軀幹部位，敏迷龍的大多數體甲都由小型的橢圓狀骨板形成，沿著身體背部成排分佈，讓牠看起來很像一隻巨大的爬行刺蝟！頸部骨板又寬又平，不過越往後方，骨板漸漸變得越來越小，到後腿與尾部則化為尖銳的棘。

分類

動物界
　脊索動物門
　　蜥型綱
　　　祖龍超目
　　　　恐龍總目
　　　　　鳥臀目
　　　　　　甲龍下目

化石出土地點

統計資料

棲地	澳洲
時期	白堊紀早期
體長	3公尺
高度	0.67-1公尺
重量	200-210公斤
天敵	獸腳亞目恐龍
食物	植物

體型比較

禽龍 *IGUANODON*

意義：「鬣蜥的牙齒」。　發音：ig-WAN-oh-don

禽龍是古生物學歷史中備受珍視的一種恐龍。這種大型草食性動物是最早被發現的恐龍之一，同時也是第二種被正式命名的恐龍，在這些生存於中生代的巨大動物之中，也是最早發現完整骨骼化石的種類之一。不過最重要的是，禽龍是幫助世人認清恐龍本質的第一種恐龍：這是一類已經滅絕且與現存生物完全不同的巨大爬行動物。

有關禽龍的發現時間，甚至有人捏造其出土時間比「恐龍」名稱的出現早了二十年。禽龍的發現過程幾乎可說是個不亞於學界八卦的傳奇性歷史謎題。標準故事版本是在1822年，一位鄉村醫生吉迪恩・曼特爾之妻瑪麗・安・曼特爾（Mary Ann Mantell），在陪伴夫婿看診時找事情殺時間，無意間發現了一個奇異的葉狀齒。不過吉迪恩・曼特爾也很有可能是花錢買下這些牙齒，或者是因為他人捐贈而取得。

無論這些謎般的牙齒化石是怎麼怎麼來的，它們都讓曼特爾深深著迷。曼特爾到處在博物館和動物園裡尋找，渴望能找到類似的東西。數年以後，曼特爾在倫敦皇家外科醫學院看到一具鬣蜥骨架，注意到這骨架和他手上的牙齒化石之間有著不可思議的相似性。他手上的牙齒，必然來自一種狀似鬣蜥的遠古怪獸。在布克蘭正式發表斑龍以後沒多久

的1825年，曼特爾正式將這隻新發現的怪獸命名為「禽龍」或「鬣蜥齒獸」。最後，兩者都變成了統領中生代的奇異「可怕蜥蜴」類群的成員。

時至今日，禽龍不但讓世人了解牠的真實身分，更是最知名的恐龍之一，牠的化石不只在英國很常見，連歐洲甚至北美洲都有出土紀錄。完整化石出土的狀況很平常，在比利時的一個出土地點，煤礦礦工甚至發現在地表下三百公尺處發現將近四十具不同的骨骼化石。世上少有其他種類的化石量如此之豐。

在白堊紀早期的生態系中，禽龍顯然是具有優勢的中至大型草食性動物。牠的頭骨與馬類似，又長又窄，前方有大型喙用以切斷植物，口內有一排排葉狀齒供咀嚼。禽龍比部份蜥腳下目動物來得大，體長可達十一公尺，體重可達六噸，必然得吃下大量植物維持生命所需。牠大部份時間可能以雙腳行走，不過前肢又長又強壯，並覆有鈍蹄，因此牠應該偶爾會以四腳站立，甚至奔跑。牠的第一指末端有一根堅固耐用的釘狀爪，能用來驅趕掠食者；大拇指可以彎曲，讓前掌具有抓取功能。這個同時能用來行走、支撐重量、保護與抓取食物的多功能前掌，是其他恐龍所沒有的。

分類	化石出土地點	統計資料	體型比較

動物界
　脊索動物門
　　蜥型綱
　　　祖龍超目
　　　　恐龍總目
　　　　　鳥臀目
　　　　　　鳥腳下目

棲地：歐洲（比利時、英格蘭、法國、德國、西班牙）、北美洲（美國）

時期：白堊紀早期

體長：6-11公尺

高度：1.8-3.3公尺

重量：3-6噸

天敵：獸腳亞目恐龍

食物：植物

豪勇龍 OURANOSAURUS

意義：「勇敢的蜥蜴」。　**發音：**_oo-ran-o-SORE-uss_

　　世上少有像撒哈拉沙漠如此讓人敬畏又充滿驚奇的地方——綿延不絕的沙丘偶有綠洲點綴，為一群群遊牧民族聚居之地。撒哈拉沙漠是地球上最不適合人居住的地方之一，卻也是已知數量最豐的恐龍墳場。儘管有眩人高溫、令人窒息的沙暴而且水源稀少，科學家在過去將近半世紀以來仍然蜂擁至此，希望能在白堊紀早期的岩層中找到一流的恐龍化石。

　　在出土於撒哈拉的恐龍之中，和禽龍為近親的豪勇龍著實是外形最為奇特的一種。牠和那有名的親戚一樣，具有狹長的頭骨，有喙及能咀嚼植物的葉狀齒。牠可能可以用四足行走，大拇指上也有能夠用來抵擋掠食者的爪子。不過牠和禽龍不一樣的地方，在於頭骨上方眼前位置有一個鈕狀的隆起，可能是可以支撐起一個角蛋白形成的小角，就像現在的長頸鹿一樣。

　　豪勇龍最令人驚異的特徵是牠那長出細棘的背椎，部份棘長甚至可達一公尺。這些棘在背部中央最高，在骨盆上方最短，同時也往尾椎延伸，到尾巴末端逐漸消失。它們可能一起形成一個帆狀構造，或者和現今美洲野牛一樣形成背部隆起。若為背部隆起，可能與水分或脂肪的儲存有關；具有此類功能的構造對於居住在沙漠的駱駝很有用，讓動物在乾季能夠利用這些儲存起來的資源。

　　豪勇龍的第一具化石出土於1960年代早期，由法國原子能委員會的地質學家發現。這些地質學家當時的主要任務，是在尼日尋找鈾礦；在體認到這些地質學家發現了什麼東西以後，委員會聘請了一位名叫菲利普・塔蓋特（Philippe Taquet）的年輕古生物學家來研究他們的化石。塔蓋特遠至尼日，並進一步發現了好幾具保存狀況非常良好的標本。在接下來的幾年中，塔蓋特持續領導撒哈拉探險隊，到現在更被視為史上最成功的田野古生物學家之一。

分類	化石出土地點	統計資料	體型比較
動物界		棲地：非洲（尼日）	
脊索動物門		時期：白堊紀早期	
蜥型綱		體長：7公尺	
祖龍超目		高度：2公尺	
恐龍總目		重量：2.7-2.9噸	
鳥臀目		天敵：獸腳亞目恐龍	
鳥腳下目		食物：植物	

雷利諾龍 *LEAELLYNASAURA*

意義：以發現者里奇夫婦的女兒蕾琳‧里奇為名。　發音：*lay-ell-in-uh-SORE-uh*

在澳洲東南部寒冷潮濕的海岸上，有座偏僻的斷崖，終年受到強風海浪的吹拂侵蝕。這地方叫做恐龍灣，是一個只有科學家能透過直升機和船隻抵達之處。雖然此地富含一億年前的恐龍化石，挖掘工作並不容易進行。科學家必須使用炸藥和工業用重機，才能將化石從這些特別堅硬的岩層中取出。

多年來，湯姆‧里奇（Tom Rich）和派翠西亞‧維克斯‧里奇（Patricia Vickers Rich）這對夫妻檔一直致力於恐龍灣的研究工作，而他們的苦心努力確實也獲得了回報。澳洲地區許多最重要的恐龍發現都來自這片小小的土地，其中包括里奇夫婦以女兒來命名的奇特草食性恐龍，也就是屬於蕾琳‧里奇的雷利諾龍。

乍看之下，雷里諾龍並不特別讓人印象深刻。牠只有幾尺長，體重只比人類嬰兒多一點，身上也沒有體甲、刺棘與巨牙。這種恐龍的精彩之處比較細微：雷里諾龍的眼睛非常大，腦部有大型視葉（控制視力的區域）。這些特徵加在一起，讓雷里諾龍擁有非常敏銳的視力——對於牠的生存環境來說，是極其必要的適應。在這種恐龍存活的年代，澳洲的位置比現在更南，位於南極圈中，一年中有很多時間既寒冷又黑暗，因此，任何在此地成功生存的動物都會需要良好的視力。

分類	化石出土地點	統計資料	體型比較
動物界		棲地：澳洲	
脊索動物門		時期：白堊紀早期至中期	
蜥型綱		體長：1-2公尺	
祖龍超目		高度：0.3-1公尺	
恐龍總目		重量：7-16公斤	
鳥臀目		天敵：獸腳亞目恐龍	
鳥腳下目		食物：植物	

木他布拉龍 MUTTABURRASAURUS

意義：以澳洲發現地為名。　發音： *mutt-a-burr-a-SORE-uss*

　　木他布拉龍是澳洲最知名的恐龍之一，不過在出土於澳洲的恐龍之中，唯有甲龍下目的敏迷龍有超過一具以上的完整化石。木他布拉龍的身體結構與禽龍非常相似，兩者皆為頭骨窄長的大型草食性動物，都有適合啃食植物的葉狀齒，都可以直立行走並在必要時以四足行動。此外，兩者的前肢都同時具有行走與抓取植物的功能，還有厚重的大拇指爪供自我防禦之用。

　　木他布拉龍和禽龍這兩種大型草食性動物之間的最明顯差異，在於身體尺寸和頭骨形狀。木他布拉龍比牠那有名的表哥小了一號，而且牠的頭骨非常特別，在吻部上方有一個空心的拱形構造，鼻孔之間還有骨質隆起。這些怪異的特徵，尤其是空心拱形的頭骨，可能與製造聲響以和其他同種成員溝通有關。

　　木他布拉龍的第一具化石於西元1963年在昆士蘭州出土，並於西元1981年以當地市鎮名稱命名。西元1987年，年十四歲的化石獵人羅伯特・沃克（Robert Walker）協助發掘了一個保存狀況良好的頭骨化石。

分類

動物界
　脊索動物門
　　蜥型綱
　　　祖龍超目
　　　　恐龍總目
　　　　　鳥臀目
　　　　　　鳥腳下目

化石出土地點

統計資料

棲地	澳洲
時期	白堊紀早期至中期
體長	7-7.5公尺
高度	2.2公尺
重量	1.7-1.9噸
天敵	獸腳亞目恐龍
食物	植物

體型比較

印度階 251.0–249.5 百萬年前	安尼階 245.9–237.0 百萬年前	卡尼階 228.7–216.5 百萬年前	海塔其階 199.6–196.50 百萬年前	阿連階 175.6–171.6 百萬年前	牛津階 161.2–155.6 百萬年前
奧倫尼克階 249.5-245.9 百萬年前	拉丁階 237.0-228.7 百萬年前	諾利階 216.5–203.6 百萬年前	錫內穆階 196.5–189.6 百萬年前	巴柔階 171.6–167.7 百萬年前	啟莫里階 155.6–150.8 百萬年前
		雷蒂亞階 203.6–199.6 百萬年前	普連斯巴奇階 189.6–183.0 百萬年前	巴通階 167.7–164.7 百萬年前	提通階 150.8–145.5 百萬年前
			托阿爾階 183.0–175.6 百萬年前	卡洛維階 164.7–161.2 百萬年前	

三疊紀早期 251.0 - 245.9百萬年前　三疊紀中期 245.9 - 228.7百萬年前　三疊紀晚期 228.7 - 199.6百萬年前　　侏羅紀早期 199.6 - 175.6百萬年前　侏羅紀中期 175.6 - 161.2 百萬年前　侏羅紀晚期 161.2 - 145.5百萬年前

三疊紀 251.0 - 199.6百萬年前　　　　　　　　　　　　　　　　　　　　侏羅紀 199.6 - 145.5百萬年前

第六章 DINOSAURS OF THE LATE CRETACEOUS
白堊紀晚期的恐龍

貝里亞階
145.5—140.2
百萬年前

凡藍今階
140.2—133.9
百萬年前

豪特里維階
133.9—130.0
百萬年前

巴列姆階
130.0—125.0
百萬年前

阿普第階
125.0—112.0
百萬年前

阿爾布階
112.0—99.6
百萬年前

白堊紀早期至中期 145.5 - 99.6百萬年前

森諾曼階
99.6—93.6
百萬年前

土侖階
93.6—88.6
百萬年前

科尼亞克階
88.6—85.8
百萬年前

桑托階
85.8—83.5
百萬年前

坎帕階
83.5—70.6
百萬年前

馬斯垂克階
70.6—65.5
百萬年前

白堊紀晚期 99.6 - 65.5百萬年前

白堊紀 145.5 - 65.5百萬年前

The Final Act of the Dinosaurs

恐龍的終幕

白堊紀晚期是恐龍的極盛時期，亦即牠們演化成功的高峰。在過去，恐龍未曾如此多元發展，或如此完全地掌控著全球生態系。白堊紀世界——氣候濕熱又長滿新近演化出現的開花植物——對這個劇情豐富又複雜、和好萊塢與百老匯最精彩故事不相上下的戲碼而言，絕對是終幕的完美場景。

發展至此，每個大陸都有各自獨特的群聚，是盤古大陸裂開以後各區域獨立發展數百數千萬年以後的結果。從許多方面來看，白堊紀晚期的恐龍和今日的哺乳動物非常相似。牠們在各大生態系中佔盡優勢、散佈到世界各地、演化出各式各樣的體型體態、並在各大陸上組織起錯綜複雜的聚落。

一般人最熟悉的許多恐龍，有許多都是在白堊紀晚期與盛繁衍的種類。目前為蒙古戈壁沙漠的地區，居住著一群種類多得出奇的恐龍，從狡猾兇猛的獵食恐龍（如迅掠龍），到外形奇異似鳥的獸腳亞目動物（如偷蛋龍）與成群活動的草食性角龍下目動物（如原角龍）。現在的化石獵人，可以在古老沙丘中找到這些埋藏其內的所有種類。同地區時期稍晚的岩層則顯示出一個稍微不同的生態系，由大型暴龍科掠食者（如特暴龍）、龐大的草食性鴨嘴龍科動物（如櫛龍）、外形異常的獸腳亞目恐龍（如似雞龍）、以及與侏羅紀種類相似的罕見蜥腳下目恐龍（如納摩蓋吐龍）等支配。

在南方大陸的生態系中，則由完全不同的恐龍種類填補同樣的生態區位。南方大陸沒有暴龍科動物，同樣的生態位置由獸腳亞目中外形奇特、前肢極短的恐龍阿爾伯托龍科動物填補，例如食肉牛龍和瑪君龍；馳龍科動物的位置則有同樣狡詐的西北阿根廷龍科動物，例如惡龍；而鴨嘴獸科和角龍下目的位置上則有各種蜥腳下目恐龍，其中包括龐大且披有堅甲的泰坦巨龍類在內。

在這些生態系中，最受透徹研究的是位於美國西部的地獄溪聚落。蒙大拿州、南達科塔州與北達科塔州有一片一望無際的大草原，下方大多埋著一層厚厚的泥質與砂質岩層。這些岩層是白堊紀末的洪泛區沉積，時間約在六千七百至六千五百萬年前，記錄著地球上最後一個大型恐龍聚落，一個由熟悉面孔如暴龍、三角龍、愛德蒙托龍、甲龍和腫頭龍等稱霸的世界。

這些地獄溪地區種類包含了許多最受世人熟悉與歡迎的恐龍，牠們可能親眼目睹了那顆在六千五百萬年前墜落地球的熾熱小行星。牠們可能因為撞擊所造成的塵煙而窒息，受到隨之而來的全球野火燙傷並燒成灰燼，或被十層樓高的海嘯捲入海中。牠們是同類中的最後一批生存者，被一場突如其來、毫無徵兆的的災難消滅殆盡。在此之前，恐龍原本一直持續在地球上演化發展，似乎什麼問題都不會發生一樣，而這命運的一刻、一個爆炸的瞬間，就這麼永遠改變了地球的歷史。

恐龍在地球上長達一億六千萬年的統治，到了六千五百萬年前由於小行星或彗星撞擊而猛然終止。這個來自外太空的不速之客撞上了墨西哥的猶加敦半島，即刻掀起巨大海嘯、全球野火與滾燙酸雨。

食肉牛龍 *CARNOTAURUS*

意義：「吃肉的牛」。 發音：*car-no-TORE-uss*

　　在暴龍家族威嚇著北半球的時候，另有一群巨大掠食者統治著南方大陸。這些南方統治者屬於阿爾伯托龍科，是原始角鼻龍下目後期尚存的一個旁支群系。「有牛角的」食肉牛龍是這群大型獸腳亞目恐龍中知名度最高的一種。

　　食肉牛龍生存在白堊紀晚期的阿根廷地區。牠和異特龍及角鼻龍的體型相當，不過比暴龍和鯊齒龍類小了一號。食肉牛龍的頭骨長得著實奇怪：又短又深，覆蓋著質地粗糙的骨質，眼睛上方還長著兩支大角。這兩支角可能是展示構造，不過也可能是牠用來頂撞獵物腹部的工具。牠身上的粗糙骨質是獨一無二的，可能表示牠的頭骨多為角蛋白所覆蓋，也就是說，牠的頭骨上覆蓋著一層和指甲與頭髮構成成份相同的堅硬結構。

　　食肉牛龍的其餘骨架也同樣奇特。牠的後肢又細又長，和看來迷你的前肢比較起來顯得特別龐大。食肉牛龍的前肢短得可憐，這是在其他恐龍身上看不到的；牠的前肢只有不到半公尺長，對於一隻體長九公尺、體重超過兩噸的動物來說，是個很荒謬的尺寸。然而，這對前肢卻非常結實，還有許多長長的疤痕，這表示上面有大塊肌肉附著，而且幾乎可以朝任何方向活動；它們必然有其功能所在——也許可以把食物緊緊抓在身邊，或是在交配時幫助抓住配偶——不過功能到底是什麼呢？科學家並不確定這個問題的答案到底是什麼。

　　食肉牛龍是過去數十年中在南方大陸出土的眾多阿爾伯托龍科動物之一。有些阿爾伯托龍科動物如奧卡龍，就曾經在南北洲食肉牛龍出土地點附近被發現，其餘則出土於非洲（皺褶龍）、馬達加斯加（瑪君龍）和印度（勝王龍）等地。由於南方大陸和歐洲之間的陸橋之故，有些甚至可能從南方大陸遷徙到歐洲。儘管如此，這些掠食者完全未曾在北美洲和亞州地區出現過。

分類
動物界
脊索動物門
蜥型綱
祖龍超目
恐龍總目
角鼻龍下目
阿爾伯托龍科

化石出土地點

統計資料

棲地：南美洲（阿根廷）

時期：白堊紀晚期

體長：7-9公尺

高度：3-3.75公尺

重量：2.1-2.3噸

天敵：無

食物：蜥腳下目恐龍與鳥臀目恐龍

體型比較

特暴龍 *TARBOSAURUS*

意義：「令人驚慌的蜥蜴」。　發音：*tar-bo-SORE-uss*

特暴龍是暴龍在亞洲地區的對應物種：在白堊紀晚期稱霸生態系的超級肉食性掠食者。特暴龍和暴龍的親緣關係非常近，有些科學家甚至認為牠們是同一種動物。兩者都是非常龐大的掠食者，體長皆可達到十二公尺，體重七噸，而且都用強壯的頭

毛，證實某些暴龍超科動物身上確實有此類構造。目前並無法得知特暴龍或暴龍身上是否有羽毛，不過保存下來的皮膚印痕化石確實顯示這些動物的身體大多覆滿鱗片。倘若真有羽毛，則可能僅限於身體上的特定區域，而且只單純具有展示功能而已。

骨和一呎長、可粉碎骨頭的牙齒撕扯獵物。

特暴龍常見於蒙古和中國地區的白堊紀晚期岩層，目前只有幾件標本受到仔細描述，不過出土的頭骨至少有十五件，骨架亦有三十具之多。事實上，特暴龍的化石比暴龍還多，其中狀況最好的特暴龍化石多來自蒙古的耐梅蓋特組，一個屬於白堊紀最後階段的沉積岩層。和特暴龍生活在同一生態系的還有大型蜥腳下目恐龍如納摩蓋吐龍，而納摩蓋吐龍也可能是特暴龍的理想獵物。

特暴龍和暴龍是白堊紀晚期體型最大也最進化的暴龍超科動物，在北美洲白堊紀稍早一點的岩層中，體型比牠們稍小的暴龍超科動物非常普遍，如阿爾伯托龍屬、阿巴拉契亞龍屬、懼龍屬和蛇髮女怪龍屬等皆，牠們的體長介於七點五至九公尺之間，體重則有兩至三噸。目前亦有發現更古老、更原始的暴龍超科動物，例如帝龍和始暴龍，牠們的體型小了許多，也更為細長，從許多方面來看都和美頜龍科動物與似鳥龍下目動物極為類似。

來自白堊紀早期中國地區的帝龍體長只有一點五公尺，身上覆滿一層密實且宛如線縷的簡單羽

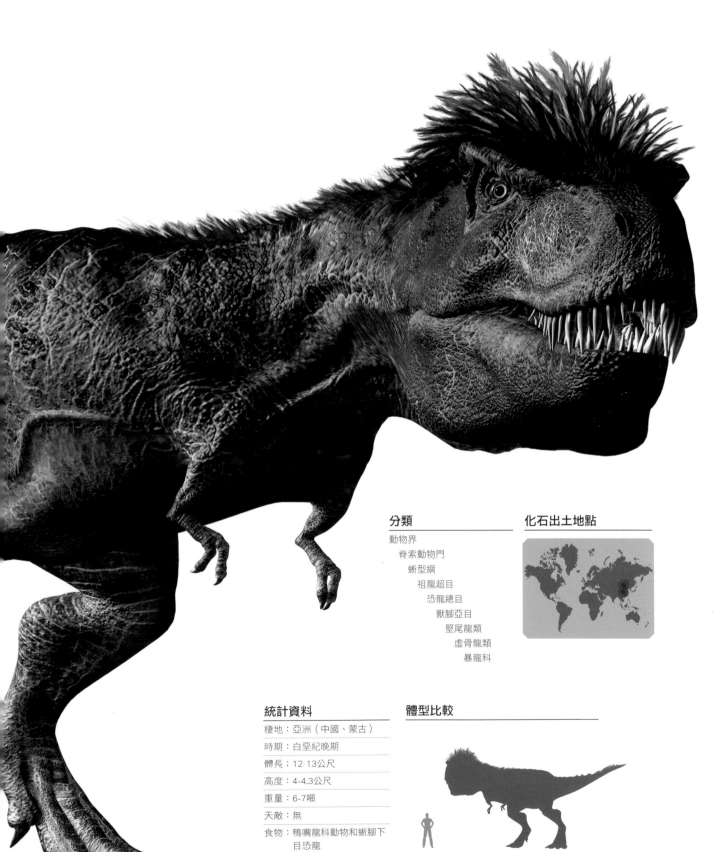

分類

動物界
　脊索動物門
　　蜥型綱
　　　祖龍超目
　　　　恐龍總目
　　　　　獸腳亞目
　　　　　　堅尾龍類
　　　　　　　虛骨龍類
　　　　　　　　暴龍科

化石出土地點

統計資料

棲地：亞洲（中國、蒙古）

時期：白堊紀晚期

體長：12-13公尺

高度：4-4.3公尺

重量：6-7噸

天敵：無

食物：鴨嘴龍科動物和蜥腳下
　　　目恐龍

體型比較

阿拉善龍 *ALXASAURUS*

意義：以內蒙古的阿拉善沙漠來命名。 **發音：** *al-ksa-SORE-uss*

來自白堊紀中期中國地區的阿拉善龍屬於鐮刀龍類。這些高大肚圓的恐龍看起來像是樹懶和火雞的怪異綜合體。牠又小又長的頭骨和長頸及龐大圓胖的肚子相較之下顯得迷你。細長的後肢支持的動物的全身重量。短短的前肢上長有一組長度可達一公尺的細爪！

馳龍科動物不僅外觀怪異，牠們的身上著實也有許多出現在不同恐龍類群的奇特特徵組合。牠們的頭骨與蜥腳下目或原蜥腳下目動物相似。頭骨前方有無齒的喙，頜內有許多適合啃食植物的小型葉狀齒。牠的腳掌很寬，有四支圓柱狀的指，與蜥腳下目動物非常相似。儘管如此，骨盆的恥骨卻如鳥

臀目與獸腳亞目的似鳥龍下目動物一樣向後生長。

馳龍科動物長久以來一直讓古生物學家感到困惑，這一點也不讓人驚奇。第一隻馳龍科動物出土於1950年代，而且被描述成一隻巨大的龜！稍後的發現顯示這些動物是恐龍，不過眾人在牠們的分類歸屬卻意見分歧。這樣的混亂終於在1990年代早期平息，因為阿拉善龍的發現，毫無疑問地證實了這些動物為獸腳亞目動物。只有獸腳亞目動物才有三指的掌和與鳥類類似的腕。後來的發現更顯示，馳龍科動物與獸腳亞目動物的腦部非常類似，而且身體上甚至覆蓋著羽毛。

阿拉善龍是馳龍科動物的第一具完整化石，也是這個爭論的轉捩點。西元1988年，一支由中國和加拿大共同合作的探險隊在中國內蒙古地區的阿拉善沙漠發現了五具骨架化石。當阿拉善龍於1993年正式發表時，牠是最古老也最原始的馳龍科動物。自此以後，中國和北美地區開始出現比牠更早一點的化石標本。這些標本都再再支持了這種奇異動物確實應歸入獸腳亞目，也意味著馳龍科動物是和鳥類親緣關係最近的類群之一。

分類
動物界
脊索動物門
蜥型綱
祖龍超目
恐龍總目
獸腳亞目
堅尾龍類
虛骨龍類
鐮刀龍超科

化石出土地點

統計資料

棲地：亞洲（中國）	
時期：白堊紀中期	
體長：3.5-4公尺	
高度：1.75-2公尺	
重量：350-400公斤	
天敵：無	
食物：植物、種子、小型脊椎動物	

體型比較

馳龍 *DROMAEOSAURUS*

意義：「奔馳的蜥蜴」。　**發音：** *dro-me-oh-SORE-uss*

巴納姆‧布朗這位以替紐約的美國自然史博物館蒐集化石為生的冒險家，可以說是古生物學界的傳奇之一。他的個性出了名地古怪，常在世界上最熱的地方穿著長皮外套挖掘化石。在兩次世界大戰期間，他顯然是個聰明的軍官，會利用監視石油公司的機會額外多賺點錢。

儘管如此，布朗最拿手的還是尋找化石。布朗早期大多專注在蒙大拿州的白堊紀晚期岩層，並於1902年發現第一具暴龍化石。然而，當他在該區域努力了十年以後，他卻開始感到厭煩，決定在加拿大亞伯達省的紅鹿河另闢化石搜尋戰場。他花了許多年的時間領著探險隊乘坐大船順流而下，只要有任何人看到化石就停船察看。他最偉大的發現之一，於1914年發生在後來成為省立恐龍公園（Dinosaur Provincial Park）的地區。他在那裡挖到了

一具頭骨和破碎的腳骨，後來古生物學家根據這件標本將這種動物命名為馳龍。

在馳龍被發現的時候，世人對這種小型獸腳亞目動物所知甚少。這件化石揭露了白堊紀時期的一個小型肉食性動物主要類群，是該類群曾經存在世上的第一個跡象，為了紀念這個最早的發現，科學家將這個類群稱為馳龍科。時至今日，這些馳龍科動物可以說是最廣為人知的恐龍之一，其他同科恐龍還有迅掠龍、恐爪龍與猶他盜龍，幾乎都是白堊紀期間全球各地生態系的主要掠食者。

馳龍也是一種駭人的掠食者，會用牠那鐮刀狀的腳爪讓獵物肚破腸流，並用尖銳的牙齒吞噬獵物的血肉。然而，牠和許多體型更大的肉食性動物生

分類

動物界
　脊索動物門
　　蜥型綱
　　　祖龍超目
　　　　恐龍總目
　　　　　獸腳亞目
　　　　　　堅尾龍類
　　　　　　　虛骨龍類
　　　　　　　　馳龍科

化石出土地點

統計資料

棲地：北美洲（加拿大、美國）
時期：白堊紀晚期
體長：1.5-2公尺
高度：46-70公分
重量：15-35公斤
天敵：巨型獸腳亞目恐龍
食物：草食性恐龍

體型比較

存在同一個生態系中,例如暴龍科的阿爾伯托龍、
懼龍和蛇髮女怪龍等。這表示馳龍在生態系中必然
佔據著不同的位置,並不是巨大的頂級掠食者,而
是在暴龍科動物的陰影下追捕獵物的狡猾獵人。

迅掠龍 *VELOCIRAPTOR*

意義：「敏捷的盜賊」。　**發音：***vel-oss-ih-rap-TOR*

巴納姆・布朗成功在美國蒙大拿州與加拿大亞伯達省完成化石狩獵之旅的十年以後，美國自然史博物館開始將收藏採集範圍擴大到世界各地。他們看上的下一個地區，是地球上環境最惡劣也最乾燥的蒙古戈壁沙漠。探險隊的領隊是傑出探險家洛依・查普曼・安德魯斯（Roy Chapman Andrews），據說電影《法櫃奇兵》的主角就是以安德魯斯為本。

西元1922年，安德魯斯的隊伍發現了一具嚴重受到擠壓卻相當完整的小型獸腳亞目動物頭骨化石。這個頭骨看來很像布朗發現的馳龍，不過一旁卻出現了一個古生物學家從未看過的東西：一根巨大、彎曲且非常尖銳的趾爪。兩年以後，該館科學家亨利・費爾菲爾德・奧斯本（Henry Fairfield Osborn）將這種新動物命名為迅掠龍，屬名有「敏捷的盜賊」之意。

在蘇聯共產黨勢力逐漸在蒙古地區擴大之際，美國自然史博物館的探險隊被迫離開該地區。然而，這個化石藏量豐富的戈壁惡地並未受到遺忘。俄羅斯和波瀾組成的聯合探險隊接續了美國人留下的工作，陸續找到了許多新的恐龍化石。在這些化石中，有一具可說是有史以來最令人驚奇的化石之一：一隻迅掠龍和屬於原始草食性角龍下目的原角龍相互纏鬥的景象。這件標本一般被稱為「搏鬥中的恐龍」，是少數幾個將掠食者活動凍結在化石紀錄之中的例子之一。

迅掠龍是恐龍世界中最敏捷的掠食者之一。牠是個狡猾的獵人，身上有利爪銳齒作為武器，腦部容量大，而且視覺極為敏銳。許多電影與書籍都將這種動物描繪成與汽車一般大小的掠食者，不過這種設定其實是以體型大了許多的猶他盜龍為基礎。迅掠龍的體型不比成人大，通常只和狗差不多大小而已。然而，當這種兇猛且精力十足的肉食性動物成群活動之際，應該不難拿下體型比牠大許多的獵物。

分類

動物界
　脊索動物門
　　蜥型綱
　　　祖龍超目
　　　　恐龍總目
　　　　　獸腳亞目
　　　　　　堅尾龍類
　　　　　　　虛骨龍類
　　　　　　　　馳龍科

化石出土地點

統計資料

棲地：亞洲（中國、蒙古）

時期：白堊紀晚期

體長：1.5-2公尺

高度：46-70公分

重量：15-18公斤

天敵：巨型獸腳亞目恐龍

食物：草食性恐龍

體型比較

傷齒龍 *TROODON*

意義：「具有傷害性的牙齒」。　發音：*TROO-o-don*

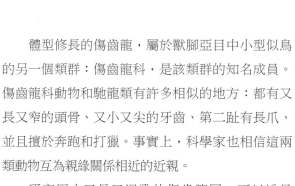

體型修長的傷齒龍，屬於獸腳亞目中小型似鳥的另一個類群：傷齒龍科，是該類群的知名成員。傷齒龍科動物和馳龍類有許多相似的地方：都有又長又窄的頭骨、又小又尖的牙齒、第二趾有長爪、並且擅於奔跑和打獵。事實上，科學家也相信這兩類動物互為親緣關係相近的近親。

研究歷史又長又混亂的傷齒龍屬，可以說是傷齒龍科的代表。這個屬最初在西元1856年由約瑟夫·雷迪（Joseph Leidy）根據一顆牙齒化石來命名。雷迪除了是當時最傑出的解剖學家以外，也是寄生蟲學家，更是利用科學取證來辦案的先鋒之一。儘管如此，在1850年代，雷迪並沒有太多恐龍化石可以拿來做比較，因此他把這件化石歸納為蜥蜴化石。約在五十年以後，科學家發現它其實屬於恐龍，不過許多科學家卻對牠那形狀奇特、近乎葉狀的牙齒爭論不休，認為它應該來自一種鳥臀目恐龍。唯有到1932年，更完整的傷齒龍化石出土，才顯示出這種動物應屬於獸腳亞目。

傷齒龍對於肉食和速度有著特殊的適應。牠的骨架又長又輕，長腿特別適合奔跑。頭骨狀似鳥類的程度令人驚異，向前的大眼睛可能讓牠的視力比其他恐龍都來得好。傷齒龍的腦容量極大，就腦容量和身體尺寸的比例而言，在所有恐龍中名列前茅。雖然這些特徵都象徵著傷齒龍應為掠食者，不過這種腦筋很好的獸腳亞目動物也有可能以植物、種子和昆蟲為食。牠那具有大型鋸齒的牙齒看來稍呈葉狀，是草食性動物的特徵。因此，傷齒龍可能是會吃各種食物的廣食性動物，食物來源可能按季節而定。

傷齒龍的化石廣泛出土於北美洲西部的白堊紀晚期岩層，並且也曾在墨西哥和俄羅斯出現。此外，北美洲和亞洲地區也曾有其他傷齒龍科動物出土，其中包括小型原始的種類如中國獵龍，以及較大較強壯的獵食恐龍如蜥鳥龍。這些恐龍並沒有特別經歷過多元演化，不過卻和馳龍科與暴龍科動物一樣，都是北半球生態系的重要組成。

分類

動物界
　脊索動物門
　　蜥型綱
　　　祖龍超目
　　　　恐龍總目
　　　　　獸腳亞目
　　　　　　堅尾龍類
　　　　　　　虛骨龍類
　　　　　　　　傷齒龍科

化石出土地點

統計資料

棲地：	北美洲（加拿大、墨西哥、美國）
時期：	白堊紀晚期
體長：	1.5-2公尺
高度：	50-70公分
重量：	50公斤
天敵：	巨型獸腳亞目恐龍
食物：	小型脊椎動物、昆蟲、植物

體型比較

似雞龍 GALLIMIMUS

意義：「雞的模仿者」。　發音：gall-e-MIME-uss

　　似雞龍可以說是白堊紀的鴕鳥，是一種和現今無法飛行的大型鳥類類似的獸腳亞目恐龍。當然，鴕鳥屬於鳥類，而似雞龍則屬於獸腳亞目中的似鳥龍下目。儘管如此，似鳥龍下目動物的確是鳥類的近親，而且牠們也顯示出許多獸腳亞目恐龍與鳥類之間確實有著驚人的相似性。

　　似雞龍是一種典型的似鳥龍下目動物，而且是該類群中知名度最高的成員。儘管體型大了許多，似雞龍看來確實很像鴕鳥；牠的體長可達六公尺，體重約兩百公斤，而鴕鳥大概只有牠的一半。然而，似雞龍和鴕鳥一樣，具有能支撐全身體重的修

長後肢、虛弱且縮短的前肢、以及沒有牙齒的脆弱頭骨。似雞龍的身上可能覆有羽毛，不過由於化石的保存狀況極差，並無法確實顯示出這個特徵。

　　似雞龍的化石出土於蒙古地區的白堊紀晚期岩層，一同出土的還有屬於暴龍科動物的特暴龍和屬於蜥腳下目的納摩蓋吐龍。目前已知的似鳥龍類約有十種，大多來自亞洲或北美洲。這些巨大的似鳥恐龍到底在白堊紀生態系中佔據著什麼位置，目前仍然是個謎題，不過近年來發現的化石顯示，這類動物的大部份頭骨都由角蛋白質狀的喙所包覆。有些科學家認為，這類動物行濾食，以居住在湖泊水池內的小型水生無脊椎動物為食，不過牠們也有可能用喙來壓碎種子。我們可以確定的是，似雞龍和牠的同類並不是什麼修長、狡猾、兇猛的動物，和牠們大多以獵捕為食的獸腳亞目親戚並不相同。

分類

動物界
　脊索動物門
　　蜥型綱
　　　祖龍超目
　　　　恐龍總目
　　　　　獸腳亞目
　　　　　　堅尾龍類
　　　　　　　虛骨龍類
　　　　　　　　似鳥龍科

化石出土地點

統計資料

棲地：	亞洲（蒙古）
時期：	白堊紀晚期
體長：	5-6公尺
高度：	2.5-3公尺
重量：	160-220公斤
天敵：	巨型獸腳亞目恐龍
食物：	水生無脊椎動物、昆蟲、種子

體型比較

似鵜鶘龍 PELECANIMIMUS

意義：「鵜鶘的模仿者」。　發音： *pell-eh-can-ih-MIME-uss*

似鵜鶘龍是來自白堊紀早期的小型獸腳亞目動物，為似鳥龍下目中最原始的成員。似鳥龍是一群「鴕鳥的模仿者」，在白堊紀稍晚期間尤其常見。似鵜鶘龍是一重要的過渡型態，將這些奇特的獸腳亞目恐龍和牠們那些傳統狡詐的掠食性親戚連接在一起。

原始的似鵜鶘龍和稍後更進化的似鳥龍下目動物之間有著許多差異。似鵜鶘龍的體型小了許多，體長大概只有二點一公尺，體重不超過四十公斤。相反地，似雞龍和其他較晚的似鳥龍下目動物，體長大概都有似鵜鶘龍的兩倍，體重則約為六倍。儘管如此，似鵜鶘龍最特別的地方卻是牠的頭骨。似雞龍和其他似鳥龍下目動物具有無齒的喙以壓碎種子或過濾微生物，不過似鵜鶘龍的嘴巴卻滿是微小的牙齒。似鵜鶘龍的牙齒總共超過兩百二十顆，牙齒數在所有獸腳亞目恐龍中最高！

似鵜鶘龍的獨特之處，還在於牠是唯一出現在北美洲與亞洲以外地區的似鳥龍下目動物。似鵜鶘龍的化石只有一件，包括頭骨和骨架的前半部，發現地點為西班牙昆卡省附近知名的拉斯奧亞斯化石挖掘場（Las Hoyas）。這個挖掘場以出土化石保存狀況良好聞名，許多精美的中生代原始鳥類化石都來自此地，而且羽毛和軟組織等往往都仍然清晰可見。事實上，似鵜鶘龍化石上仍保有部份軟組織，顯示這種原始的鴕鳥模仿者在下顎下方有喉囊。許多水鳥都有類似的構造，主要用作儲存魚類，因此似鵜鶘龍可能也以魚類為食。

分類	化石出土地點	統計資料	體型比較

動物界
　脊索動物門
　　蜥型綱
　　　祖龍超目
　　　　恐龍總目
　　　　　獸腳亞目
　　　　　　堅尾龍類
　　　　　　　虛骨龍類
　　　　　　　　似鳥龍下目

棲地：歐洲（西班牙）
時期：白堊紀早期
體長：2-2.5公尺
高度：1-1.25公尺
重量：25-40公斤
天敵：巨型獸腳亞目恐龍
食物：水生無脊椎動物、魚、種子

偷蛋龍 OVIRAPTOR

意義：「偷蛋的賊」。　發音：oh-vih-rap-TOR

偷蛋龍看起來比較像是來自外太空的生物，而不是暴龍或異特龍的親戚。然而，外表是可以欺瞞的。偷蛋龍其實屬於獸腳亞目下一個叫做偷蛋龍下目的特化類群。這些體重輕且沒有牙齒的動物，和鳥相似的程度非常讓人吃驚。有些科學家甚至將牠們認定為失去飛翔能力的真正鳥類，不過大部份研究人員都將牠們視為與鳥類關係最接近的近親。

偷蛋龍體長約二點一公尺，不過體重只有四十公斤，大概和青少年差不多。牠最特殊的地方在於高度特化的頭骨；偷蛋龍的頭骨完全沒有牙齒，不過有強壯的喙，讓牠得以敲碎堅果或吃貝類。在喙的上方，有一個非常明顯卻薄得跟紙一樣的冠，這個冠脆弱到不足以用作防禦性武器，反而非常適合用作展示。和其他更傳統的獸腳亞目動物相較之下，偷蛋龍的頭骨暨短又深，而且呈現高度癒合。

第一具偷蛋龍化石是探險家洛依・查普曼・安德魯斯（Roy Chapman Andrews）在1920年代早期前往中亞探勘時在蒙古發現的。出土時，這具化石下面有一窩原角龍的蛋，因此才被命名為偷蛋龍——「偷蛋的賊」——而且這種動物長久以來也被視為是經過特化、專門以其他恐龍的蛋為食的奇特獸腳亞目動物。然而，1990年代的蒙古探勘卻發現了讓人意想不到的證據，完全摧毀了這個想法。科學家在那批原本被假想為原角龍蛋的化石中找到偷蛋龍的胚胎，而且其他化石證據更表現出一隻大型偷蛋龍以保護之姿坐在巢上的模樣，如同母鳥一般將蛋覆蓋起來保溫。偷蛋龍並非專偷恐龍蛋的盜賊，而是會悉心照料後代的父母親！

分類

動物界
　脊索動物門
　　蜥型綱
　　　祖龍超目
　　　　恐龍總目
　　　　　獸腳亞目
　　　　　　堅尾龍類
　　　　　　　虛骨龍類
　　　　　　　　偷蛋龍下目

化石出土地點

統計資料

棲地：亞洲（蒙古）

時期：白堊紀晚期

體長：2-2.5公尺

高度：1-1.2公尺

重量：35-40公斤

天敵：巨型獸腳亞目恐龍

食物：水生無脊椎動物、種子、堅果

體型比較

納摩蓋吐龍 *NEMEGTOSAURUS*

意義：以出土岩層名稱為名。 **發音：** *neh-meg-toe-SORE-uss*

蜥腳下目恐龍在白堊紀晚期的北半球非常罕見，不過確實還是有一些體型龐大的長頸巨龍生存在亞洲，其中以納摩蓋吐龍最廣為人知。這種體長二十一公尺的草食性恐龍和特暴龍一起存活在恐龍時代末期的蒙古地區。

納摩蓋吐龍的化石只有一具頭骨，是某次波蘭和蒙古聯合組成探險隊至蒙古南部地區不毛惡地探勘時發現的。儘管只有一具頭骨，它卻是所有已出土蜥腳下目頭骨化石中最完整的一個，因而受到科學家詳盡描繪以待。納摩蓋吐龍的頭骨又高又深，如同腕龍與圓頂龍的頭骨，不過頜骨前方卻像梁龍超科動物，有著一排短短的筆狀齒。頭骨其餘部份也綜合了梁龍超科和狀似腕龍的特徵，非常奇特，讓科學家很難決定到底該把這種蜥腳下目恐龍放在演化樹的哪一個位置。

根據近期研究的成果，納摩蓋吐龍應屬於泰坦巨龍類這類在白堊紀期間發生輻射演化的龐大蜥腳下目類群，與腕龍具有密切的親緣關係。有些泰坦巨龍類如阿根廷龍，可能是生命史中最龐大的陸生動物。大多數泰坦巨龍類都住在南方大陸，不過還是有一些種類散佈到北美洲與亞洲。

生活在亞洲的泰坦巨龍類可能在白堊紀早期從歐洲遷徙而來。在白堊紀早期，原本孤立的亞洲陸塊和歐州相撞，這在恐龍史上是一件非常重要的事件，因為到那個時候為止，較早時期延續下來的原始種類一直佔據著亞洲，在這個孤立的陸塊上蓬勃發展。由於撞擊造成陸地連接，在白堊紀早期將亞洲和歐洲連在一起，到了白堊紀晚期更把北美洲和歐亞連了起來。因此，在白堊紀末期，像是納摩蓋吐龍等的歐洲移民，才可能和特暴龍與似雞龍等具有北美洲近親的種類生活在同一個生態系中。

分類

動物界
　脊索動物門
　　蜥型綱
　　　祖龍超目
　　　　恐龍總目
　　　　　蜥腳形亞目
　　　　　　蜥腳下目
　　　　　　　泰坦巨龍類

化石出土地點

統計資料

棲地：	亞洲（蒙古）
時期：	白堊紀晚期
體長：	21公尺
高度：	6公尺
重量：	12-14噸
天敵：	巨型獸腳亞目恐龍
食物：	植物

體型比較

薩爾塔龍 *SALTASAURUS*

意義：以位於阿根廷境內的發現地點為名。　發音：*sal-tah-SORE-uss*

白堊紀期間，鴨嘴龍科和角龍下目的恐龍是北方大陸的主要草食性動物，不過南方仍由蜥腳下目恐龍稱霸天下。泰坦巨龍類這個白堊紀時期大型蜥腳下目恐龍有著讓人吃驚的多元程度，這類蜥腳下目動物以生存於白堊紀晚期阿根廷地區、體型不大的薩爾塔龍為代表。

就蜥腳下目的標準而言，薩爾塔龍的體型非常小，體重七噸左右，體長十二公尺，「只有」暴龍的大小，而且體長大概只有其他泰坦巨龍近親的一半。目前出土的薩爾塔龍化石至少有五件，全都都和大型阿爾伯托龍科動物出現在同一個岩層。在白堊紀大部份時間之中，泰坦巨龍類和阿爾伯托龍科似乎是南美生態系的優勢類群。

薩爾塔龍最特別的地方在於牠身上的板狀骨質體甲。這種特徵常見於甲龍，不過很少出現在其他恐龍類群身上。事實上，當這種具有大型橢圓狀骨板的薩爾塔龍出土時，原本被誤認為是甲龍下目動物的化石。儘管如此，更完整的骨架化石證實，這些骨板屬於薩爾塔龍，而且現在也發現了許多具有體甲的泰坦巨龍類。這些類似於中世紀騎士盔甲的體甲，可能是薩爾塔龍的防禦構造，保護牠免受阿爾伯托龍科動物攻擊。

薩爾塔龍只是諸多泰坦巨龍類中的一種。在南美洲、非洲、澳洲、印度與馬達加斯加等南方陸塊上發現的泰坦巨龍類至少有三十種，另外在北美洲、歐洲和亞州也有許多可能是移民的種類出土。近年來，泰坦巨龍新種以每年好幾種的速度出土，是目前非常熱門的研究領域。

分類
動物界
　脊索動物門
　　蜥型綱
　　　祖龍超目
　　　　恐龍總目
　　　　　蜥腳形亞目
　　　　　　蜥腳下目
　　　　　　　泰坦巨龍類

化石出土地點

統計資料
棲地：南美洲（阿根廷）
時期：白堊紀晚期
體長：12公尺
高度：3.3公尺
重量：6-7噸
天敵：巨型獸腳亞目恐龍
食物：植物

體型比較

甲龍 ANKYLOSAURUS

意義：「僵硬的蜥蜴」。　發音：ang-ki-lo-SORE-uss

　　甲龍就好像是六千五百年前的裝甲坦克，這種龐大且行動緩慢的動物從頭到角都覆蓋著堅不可摧的盔甲，身上還有極具破壞性的武器，即使是最為兇暴的掠食者也很難不敗下陣來。

　　甲龍這種「癒合的蜥蜴」是甲龍下目動物的代表，這類身披甲胄、狀似犰狳的大型草食動物類群的稱呼，就是來自甲龍屬。甲龍下目動物該有的特徵，全都可以在甲龍身上找到：矮胖結實的身體、以四足行動、適合切割植物的高癒合度三角形頭骨、以及會讓中世紀騎士引以為傲的體甲。

　　儘管如此，甲龍並不是普通的甲龍下目動物，牠在該類群中的體型最大，而且也是該類群的最後一種。甲龍的體長可達十公尺，大致相當於異特龍，體重則高達八噸。牠的身體極為笨重，寬度可達兩公尺，令人歎為觀止——比成人平均身高還要

高！然而，這種動物的頭骨卻非常小，長度不到半公尺；牠的頭骨很重，而且癒合度高，兩側後方都有角向外突出，上方則佈滿環環相扣的小型橢圓狀骨板。每塊頜骨都有超過六十顆小牙齒，每顆牙齒的長度不超過一公分，非常適合用來切割植物。

　　甲龍最讓人驚異的特徵，在於牠那狀似鎚矛的球形尾槌（鎚矛是中世紀時期用來敲打粉碎敵人的重鎚）。這個球形尾槌是個極為龐大的構造，尺寸約和頭骨相當，結構極為複雜，由癒合的椎骨、肌腱和骨板構成。七節癒合尾椎支撐著這個尾槌構造，外頭則覆上兩塊大型骨質外皮與幾塊比較小的小骨頭。這種高破壞性的致命武器肯定具有阻嚇作用，絕對會讓暴龍科動物和其他掠食者在攻擊前考慮再三。

分類

動物界
　脊索動物門
　　蜥型綱
　　　祖龍超目
　　　　恐龍總目
　　　　　鳥臀目
　　　　　　覆盾甲龍亞目
　　　　　　　甲龍下目
　　　　　　　　甲龍科

化石出土地點

統計資料

棲地：	北美洲（加拿大、美國）
時期：	白堊紀晚期
體長：	8-10公尺
高度：	2-2.75公尺
重量：	5.8-8噸
天敵：	巨型獸腳亞目恐龍
食物：	植物

體型比較

真板頭龍 *EUOPLOCEPHALUS*

意義：「裝甲完備的頭部」。　**發音：** *u-oh-plo-CEPH-uh-luss*

真板頭龍無疑是世人了解最為透徹的甲龍下目動物：出土於北美洲西部白堊紀晚期岩層的化石超過四十件，其中更包括頭骨十五件以上。相較之下，與真板頭龍關係最近且知名度更高的甲龍，化石件數一隻手就數得完。因此，目前對於甲龍下目動物構造、生物、食性與習性的了解，都是基於對真板頭龍的仔細研究。

真板頭龍具有甲龍下目動物的所有主要特徵：厚重的體甲、頭骨小、牙齒細微、以及以四隻腳行走的沉重步態。然而，真板頭龍還有兩個耐人尋味的特徵。首先，牠的腳只有三趾，而其他甲龍下目動物則有四或五趾。其次，牠的眼窩上有一塊多出來的骨頭；這塊骨頭叫做眼瞼骨，可能形成骨質眼瞼，而在甲龍下目動物融合增厚的顱骨盔甲中，可以說是最極端的例子。

這種眼部骨質化的動物是甲龍科的成員，甲龍科是甲龍下目的子類群，以能夠攻擊掠食者的尾槌為特徵。真板頭龍和甲龍的尾槌類似，不過形狀不同；甲龍的尾槌呈球狀，真板頭龍的尾槌狀似飛盤。從上方往下看，真板頭龍的尾槌是一個龐大的圓形結構，不過如果從側面看去，這個尾槌只比支撐的尾椎骨厚一點點而已。研究顯示，尾槌的位置只離地面數吋高，在垂直方向少有彈性，不過它在水平方向的移動則是比較容易的。將槌和尾部連接在一起的骨質腱，非常適合傳遞肌肉的力量，也就是說，真板頭龍可以使勁地甩動牠的武器。任何想要捕獵真板頭龍的獸腳亞目恐龍，可能得自行承擔後果。

分類

動物界
　脊索動物門
　　蜥型綱
　　　祖龍超目
　　　　恐龍總目
　　　　　鳥臀目
　　　　　　覆盾甲龍亞目
　　　　　　　甲龍下目
　　　　　　　　甲龍科

化石出土地點

統計資料

棲地：	北美洲（加拿大、美國）
時期：	白堊紀晚期
體長：	5-6公尺
高度：	1.2-1.8公尺
重量：	2-4噸
天敵：	巨型獸腳亞目恐龍
食物：	植物

體型比較

艾德蒙頓甲龍
EDMONTONIA LUS

意義：以發現地加拿大亞伯達省艾德蒙頓為名。　　發音：ed-mon-TONE-e-uh

　　和真板頭龍一起生活在白堊紀晚期美西地區沖積平原的，還有與真板頭龍關係稍遠的艾德蒙頓甲龍。真板頭龍屬於有尾槌的甲龍科，艾德蒙頓甲龍則屬於甲龍下目的第二大主要子群，也就是結節龍科。艾德蒙頓甲龍沒有尾槌，主要依賴體甲，讓自己免受巨型掠食者如阿爾伯托龍的攻擊。

　　相對於甲龍科動物飽滿的三角形頭骨，艾德蒙頓甲龍和其他結節龍科動物的頭骨顯得較為窄長。頭蓋骨上方覆蓋著少數形式不甚複雜的較大型骨質甲板，儘管如此，艾德蒙頓甲龍最特別的地方，在於牠嘴旁頰部上的那塊額外骨甲。

　　這塊頰部骨甲的功能令人費解，它也許是一種覓食適應，讓艾德蒙頓甲龍在胡亂吞噬以噸計的植物時，能夠把這些食物留在嘴裡；或者，它也可能是一種防護機制，保護嘴部脆弱的軟組織免於掠食者攻擊。

　　艾德蒙頓甲龍的體甲大致與其他結節龍科動物相似。牠的頸部有許多寬闊的骨質甲板覆蓋，背部的骨質甲板則顯得較小且圓。體側有許多刺棘分佈，其中最大的刺棘位於肩部，有些朝前有些朝後，可能是牠的主要防禦武器。艾德蒙頓甲龍和以尾巴攻擊掠食者的甲龍科動物不同，會採正面迎擊的方式面對掠食者。

分類	化石出土地點	統計資料	體型比較
動物界 　脊索動物門 　　蜥型綱 　　　祖龍超目 　　　　恐龍總目 　　　　　鳥臀目 　　　　　　覆盾甲龍亞目 　　　　　　　甲龍下目 　　　　　　　　結節龍科		棲地：北美洲（加拿大、美國） 時期：白堊紀晚期 體長：6-7公尺 高度：1.8-2.1公尺 重量：4-5噸 天敵：巨型獸腳亞目恐龍 食物：植物	

慈母龍 *MAIASAURA*

意義：「好媽媽蜥蜴」。　發音：*my-uh-SORE-uh*

　　慈母龍的發現可以說是古生物學研究的重要分水嶺之一。狀似鳥類的恐爪龍的發現，以及傑克・霍納（Jack Horner）對於草食性慈母龍的描述，一同改變了世人對恐龍的普遍認知。科學家原本認為這些「可怕的蜥蜴」是不太聰明且行動緩慢的動物，注定得滅絕，不過在恐爪龍和慈母龍出土以後，科學家終於改觀，開始將牠們視為精力充沛且生氣蓬勃的動物，是為中生代世界的霸主。

　　從前有許多科學家認為，恐龍在產卵以後就會棄巢而去。慈母龍化石是第一個具有決定性的證據，證實有些恐龍會悉心呵護後代，不但會積極看護還會餵食。這種革命性結論的證據相當驚人：是在美國蒙大拿州七千五百萬年前白堊紀岩層中保留下來的巢穴。霍納和鮑伯・馬克拉（Bob Makela）深入那人煙稀少的惡地，發現了許多恐龍巢穴，每個巢都塞滿了三十至四十顆尺寸約為橄欖球大小的恐龍蛋。這些巢穴旁還散落著許多恐龍骨骼，從小型胚胎、幼龍到成龍都有，意味著慈母龍會成群築巢。孵化幼龍的骨骼很脆弱，表示這些兔子般大小的幼龍必然行動緩慢笨拙，可能也無法自行覓食。儘管如此，牠們的牙齒上卻出現了顯然由植物造成

分類	化石出土地點	統計資料	體型比較

分類

動物界
　脊索動物門
　　蜥型綱
　　　祖龍超目
　　　　恐龍總目
　　　　　鳥臀目
　　　　　　鳥腳下目
　　　　　　　鴨嘴龍科
　　　　　　　　鴨嘴龍亞科

統計資料

棲地：北美洲（美國）	
時期：白堊紀晚期	
體長：9公尺	
高度：3公尺	
重量：3噸	
天敵：巨型獸腳亞目恐龍	
食物：植物	

的磨損痕跡，而這個情形只有一種解釋：親代會替幼龍蒐集食物並養育之。

　幼龍與成龍的標本幫助霍納說明，慈母龍和現代鳥類一樣，有著飛快的生長速度。幼龍剛孵化的體重大約只有一公斤，體長約半公尺；然而成龍則是體長九公尺、體重三噸的龐大尺寸。骨骼生長線研究顯示，幼龍從孵化到成熟大約只要不到十年的時間——這種驚人的速度必然是由溫血代謝來驅動。

　慈母龍是廣食性的鴨嘴龍科動物。牠狹長頭骨的前端有向下彎曲的喙部與頜，嘴內牙齒密生，非常適合處理大量的植物。慈母龍不但集體築巢，還會成群行動。在一個化石場中，至少有從幼龍到成龍都包括在內的一萬隻個體同時出土，是目前為止最龐大的恐龍骨層。也許這類沒有厚重體甲或尾刺的草食性動物，必須成群結隊一起行動，才能保護自己免受暴龍科動物和其他大型掠食者攻擊。

似棘龍 PARASAUROLOPHUS

意義：「幾乎有冠飾的蜥蜴」。　發音：par-ah-SORE-oh-loph-us

屬於鴨嘴龍科的似棘龍，有著有史以來出現在恐龍身上的最奇異特徵：狀似潛水呼吸管、又長又彎的頭冠。鴨嘴龍科動物的頭部或多或少都會出現裝飾構造，從與食火雞類似的彎薄頭冠到頭骨頂部的棘狀凸起都有。然而，從尺寸和奇異程度論之，這些都比不上似棘龍頭頂這種長且中空的管狀結構。

似棘龍的頭冠非常巨大，長度大約有一點二五公尺──約為兒童身高！頭冠始於頭骨前端用來啃食植物的窄喙上方，在這個位置，兩個尖端細長的大鼻孔分別通往一直延伸到頭冠後方的不同中空管。頭冠末端有厚實的骨骼，管狀結構在此並無貫穿的開孔，反而轉了個彎回到頭冠的中央。因此，頭冠的內部並不是實心的骨骼，而是複雜的鼻竇迷宮。

現今動物的身上並沒有任何一丁點近似這種頭冠的構造，科學家長久以來也一直感到困惑，無法理解這類以植物為食的恐龍為什麼會需要一根從頭部延伸而出的四尺長中空管狀構造。科學家拋出了許多稀奇古怪的想法：也許它是水底覓食時使用的呼吸管、巨大軀幹的骨質支撐構造、甚至大型腺體的囊。這些想法也許看來可笑，不過也因此顯示出科學家確實很難替這個奇怪的構造做出解釋。現在，大部份科學家都相信，這個頭冠可能是一種來吸引異性的展示結構。它也有可能有助於散熱，也許也能製造聲音與其他同類溝通。似棘龍的獨特頭冠可能是一種多用途的工具。

似棘龍是最罕見的鴨嘴龍科動物之一，與同時期艾德蒙托龍和慈母龍化石破千的化石數量相較，似棘龍只有少數化石在北美洲西部白堊紀晚期岩層出土。也許似棘龍不像上述兩類動物有成群行動的習性，喜好獨自行動，所以保存下來的化石數量也較少。

分類

動物界
　脊索動物門
　　蜥型綱
　　　祖龍超目
　　　　恐龍總目
　　　　　鳥臀目
　　　　　　鳥腳下目
　　　　　　　鴨嘴龍科
　　　　　　　　賴氏龍亞科

化石出土地點

統計資料

棲地：北美洲（加拿大、美國）

時期：白堊紀晚期

體長：7.8-10公尺

高度：2.3-3公尺

重量：4-6噸

天敵：巨型獸腳亞目恐龍

食物：植物

體型比較

鉤鼻龍 *GRYPOSAURUS*

意義：「鉤鼻的蜥蜴」。　發音： *gry-po-SORE-us*

鴨嘴龍科動物中最多元、最長命、分佈也最廣的屬是鉤鼻龍，一類以看來笨拙的鼻部隆起為特徵的大型動物。目前已命名的鉤鼻龍共有四種，以整個北美洲西部為分佈地區，存續時間則橫跨白堊紀晚期超過五百萬年的時間。目前鉤鼻龍化石常見於加拿大亞伯達省到美國猶他州之間跨越一千九百公里的地區。

鉤鼻龍體長可達九公尺，體重達三噸。除了頭骨以外，骨架在鴨嘴龍科動物中極為典型，也向大部份鴨嘴龍科動物一樣，可以用兩腳或四腳行走。

儘管如此，鉤鼻龍的頭骨卻和其他同科成員相當不同，在鼻孔上方有相當明顯的骨質隆起，狀似人類的「鷹鉤鼻」，是科學家命名的主要依據。這個隆起可能是一個展示用特徵，不過此部份有增厚現象且質感粗糙，顯示出它可能是一種具有侵略性的武器，也許是雄性恐龍求偶時相互用以推撞的構造。

鉤鼻龍屬於鴨嘴龍科之下一個叫做鴨嘴龍亞科的子類群。鴨嘴龍亞科動物沒有頭冠，其下有慈母龍、艾德蒙托龍與短冠龍等屬，許多種類都有大量骨層出土。另一個叫做賴氏龍亞科的子類群，則由具有華麗頭冠的種類組成，其中最為人所熟悉的是似棘龍，其餘尚有賴氏龍和盔龍等。

分類

動物界
　脊索動物門
　　蜥型綱
　　　祖龍超目
　　　　恐龍總目
　　　　　鳥臀目
　　　　　　鳥腳下目
　　　　　　　鴨嘴龍科
　　　　　　　　鴨嘴龍亞科

化石出土地點

統計資料

棲地：北美洲（加拿大、美國）

時期：白堊紀晚期

體長：7-9公尺

高度：2.5-3公尺

重量：2-3噸

天敵：巨型獸腳亞目恐龍

食物：植物

體型比較

大鴨龍 ANATOTITAN

意義：「巨大的鴨子」。　發音：AN-at-oh-tit-an

　　白堊紀末期的蒼鬱沖積平原沉積形成的美西地獄溪組，出土化石的多樣性極為驚人。地獄溪聚落有著許多世人最熟悉的恐龍世界成員，例如暴龍和三角龍，不過最常見的卻是此聚落主要草食性動物鴨嘴龍科動物，例如艾德蒙頓龍和大鴨龍。

　　艾德蒙頓龍的化石幾乎比其他種恐龍都來得多，有些骨層甚至保留了數千隻個體。不過，其近親大鴨龍的化石就少了許多。大鴨龍的體型龐大，在鴨嘴龍科動物中幾乎是前所未聞，有些個體體長甚至可達十二公尺——和存活於同個時期的暴龍相當，體重則可達五噸。大鴨龍的骨架上沒有任何體甲骨板或刺棘，也許龐大的體型就足以嚇阻暴龍科掠食者的攻擊。

　　大鴨龍的頭骨非常長，頭蓋骨在所有恐龍中最長也最低，很容易辨識。牠的頭長約一點二五公尺，深度卻只有三十公分，形成狹長的管狀外觀，宛如現代馬伸長的頭骨。頭部前端有個狀似巨大湯匙的喙狀嘴，也就是出現在鴨嘴龍科動物身上的典型「鴨嘴」，不過大鴨龍的喙寬與頭骨其餘部位相當，這是在其他種恐龍身上未曾出現的情形。牠的喙部後方有個狹長卻無齒的空間，可能讓舌頭有充分的空間移動吃進嘴裡的植物，以利咀嚼；在這個空間的後面有一排齒列，儘管牙齒很短卻長得很漂亮，讓牠可以津津有味地咀嚼食物。大鴨龍可以說是一台吃草機器，對於白堊紀時期如野火燎原般散佈的開花植物有著特別的適應，非常適合以開花食物為食。

分類
動物界
脊索動物門
蜥型綱
祖龍超目
恐龍總目
鳥臀目
鳥腳下目
鴨嘴龍科
賴氏龍亞科

化石出土地點

統計資料

棲地：北美洲（美國）

時期：白堊紀晚期

體長：10-12公尺

高度：3-3.7公尺

重量：3-5噸

天敵：巨型獸腳亞目恐龍

食物：植物

體型比較

賴氏龍 *LAMBEOSAURUS*

意義：以古生物學家勞倫斯·賴博（Laurence Lambe）為名。　**發音：***lam-bee-oh-SORE-uss*

　　鴨嘴龍科下的賴氏龍亞科，是一個具有裝飾性頭冠的子類群，這個亞科的名稱來自賴氏龍這種白堊紀晚期最奇異的動物之一。在七千五百萬年前，這種大型草食性動物是加拿大西部溫暖沖積平原最常見的動物之一，由於頭飾形狀特殊，讓人馬上可以將牠和其他具有頭冠的物種區別出來。

　　賴氏龍的頭冠和似棘龍的延長管狀頭冠不同，賴氏龍的頭冠比較短且比較高，而且並未往後延長到頭骨後方。過去有很長一段時間，科學家都根據頭冠形狀的細微差異來替各種賴氏龍命名，然而到了現在，這些所謂的不同種都被歸納成兩個種，認為這些不過是代表不同成長階段與性別差異的化石。

　　在上述兩種賴氏龍中，被命名為賴氏賴氏龍的以短柄小斧狀的頭冠為特徵；短柄小斧的斧是一個眼睛上方又高又彎的隆起，柄則是一個薄薄的分支，從眼睛後方往後延伸，稍微突出在頭骨其餘部份之上。另一種大冠賴氏龍則有一個又大又圓、稍微往前彎曲的冠，看來像極了現代食火雞的冠，也有點神似貓王艾維斯·普利斯萊額上的鬃髮！

　　兩種賴氏龍皆為尺寸標準的鴨嘴龍科動物，體長約九公尺，體重數噸，不過來自墨西哥的第三種賴氏龍似乎是種巨獸，體長可能可以達到十五公尺，體重則超過十噸。儘管如此，這些估計值是以非常破碎的化石為依據，科學家甚至不太確定這些化石是否真的屬於賴氏龍。

分類
動物界
脊索動物門
蜥型綱
祖龍超目
恐龍總目
鳥臀目
鳥腳下目
鴨嘴龍科
賴氏龍亞科

化石出土地點

統計資料

棲地：	北美洲（加拿大、墨西哥）
時期：	白堊紀晚期
體長：	9-15公尺
高度：	3-4.5公尺
重量：	3-8.5噸
天敵：	巨型獸腳亞目恐龍
食物：	植物

體型比較

盔龍 CORYTHOSAURUS

意義：「頭盔蜥蜴」。　**發音：** *co-rith-oh-SORE-uss*

　　盔龍這類具有「盔狀冠」的草食性動物是最有特色的賴氏龍亞科動物之一。牠可能是和賴氏龍親緣關係最接近的屬，兩屬看起來幾乎一模一樣。盔龍和賴氏龍的尺寸相當，頭骨都有令人驚異的草食性動物適應特徵，而且都有又短又高又圓的頭冠。

　　儘管如此，頭冠上的細微差異還是將盔龍與賴氏龍區別了出來。賴氏龍有兩種頭冠形式——兩叉短柄小斧與單一圓頂，盔龍只有一個單一的圓頂。此外，賴氏龍的圓頂形頭冠會像貓王髮型一樣向前彎曲，盔龍的頭冠則筆直往上，好比有條不紊的軍人髮型。

　　盔龍那彎曲的半圓形頭冠非常巨大，讓頭骨深度看來比長度還長。牠的頭冠呈圓形且內部中空，就像一頂頭盔，因而得名。

　　加拿大亞伯達省境內具有八千萬年歷史的古老岩層中，出土了超過二十具盔龍化石，同一區域也常有賴氏龍化石出土。然而若仔細檢查岩層，就會發現盔龍的年代比賴氏龍稍早，這兩個屬可能並不存在於同一個時期。這樣的推論確實合理，因為兩類非常相似的動物必然會競爭同樣的食物和資源，也許盔龍是在環境條件改變以後，才逐漸演化成後來的賴氏龍。

分類

動物界
　脊索動物門
　　蜥型綱
　　　祖龍超目
　　　　恐龍總目
　　　　　鳥臀目
　　　　　　鳥腳下目
　　　　　　　鴨嘴龍科
　　　　　　　　賴氏龍亞科

化石出土地點

統計資料

地：北美洲（加拿大）

時期：白堊紀晚期

體長：9-10公尺

高度：3-3.5公尺

重量：5-5.2噸

天敵：巨型獸腳亞目恐龍

食物：植物

體型比較

鸚鵡嘴龍 *PSITTACOSAURUS*

意義：「鸚鵡蜥蜴」。 **發音：** *sit-ack-o-SORE-uss*

　　鸚鵡嘴龍這類來自白堊紀早期的恐龍看來可能沒有什麼特出之處，不過牠卻是最古老也最原始的角龍下目動物。對那些常見於白堊紀晚期北美洲地區、有角有頸盾且狀似犀牛的龐然巨獸如三角龍和開角龍等來說，鸚鵡嘴龍可以說是牠們的早期始祖，而且鸚鵡嘴龍屬至少有十個不同的種，在白堊紀早期遍佈亞洲各地，在恐龍世界中是種數最多的一個屬。鸚鵡嘴龍同時也是分佈最廣、存續時間最長的恐龍之一。

　　光就鸚鵡嘴龍的外觀，讓人很難相信這類體型迷你、看似脆弱的動物，和白堊紀晚期的龐大巨獸之間存在著密切的關係。大部份鸚鵡嘴龍的體長都只有數呎，體重也不比學步幼兒來得重。鸚鵡嘴龍以雙足行走，可能擅於奔跑。相對而言，三角龍體長可達九公尺，體重八噸（有些角龍下目動物可能還更大），並以四肢緩慢行走。

　　儘管如此，鸚鵡嘴龍無疑是一種早期的角龍下目動物，因為牠身上出現了許多專屬於角龍下目動物的特徵，其中最重要的特徵，是上頜前方有一塊叫做吻骨的骨頭，以及向側邊展開的頰骨。吻骨屬於喙的一部份，而尖銳無齒的喙適合嚙食植物，可以擴大的頰部外覆有一支小小的角，可能可以用來吸引配偶或抵禦掠食者。在出現時間稍晚的角龍下目動物中，這些角可能演變成龐大的結構，與頭骨上方額外的角相互搭配。

　　鸚鵡嘴龍是最著名的恐龍之一。在亞洲各地出土的化石超過四百件，其他仍有數千件尚且深埋岩層中。其中一具於中國出土、保存狀況極佳的化石，在背部有一個中空的羽毛狀結構。另一個來自中國的驚人發現，則包含一具鸚鵡嘴龍成龍化石與超過三十隻幼龍，是此類動物有育幼行為的明確證據。

分類

動物界
　脊索動物門
　　蜥型綱
　　　祖龍超目
　　　　恐龍總目
　　　　　鳥臀目
　　　　　　角足亞目
　　　　　　　鸚鵡嘴龍科

化石出土地點

統計資料

棲地：亞洲（中國、蒙古、俄羅斯、泰國）
時期：白堊紀早期
體長：1-2公尺
高度：35-70公分
重量：25公斤
天敵：獸腳亞目恐龍
食物：植物

體型比較

原角龍 PROTOCERATOPS

意義：「早期有角的臉」。　　**發音：** *pro-toe-SER-a-tops*

原角龍是另一種知名極高的角龍下目動物，初次出土於洛依‧查普曼‧安德魯斯在中亞地區探勘期間（見第182頁），目前在戈壁沙漠挖掘到的化石則超過一百具。原角龍是迅掠龍最喜愛的獵物之一，其出土化石數量之龐大，證明了牠是演化相當成功的一類恐龍。

在白堊紀晚期角龍科動物的演化研究中，原角龍有著非常重要的角色。從演化序列的角度來看，原角龍是非常重要的橋梁，將身形圓滑的早期小型種類如鸚鵡嘴龍，和後期體型較大行動緩慢的種類如三角龍等連接了起來。

原角龍顯然比鸚鵡嘴龍還要進化，因為牠身上具有幾個較晚期角龍下目動物的特徵，是鸚鵡嘴龍身上看不到的。舉例來說，鸚鵡嘴龍以雙腳行動，頭骨上無頸盾，而原角龍則以四足行走，頭骨後方有精巧的板狀頸盾向後突出。儘管如此，原角龍和三角龍等不同，並沒有擴大的鼻孔、鼻角和支撐骨盆用的額外椎體。

原角龍是一類小型草食性動物，體型相當於綿羊，而牠在生態系中扮演的角色可能也和綿羊差不多：以低矮植物為食的小型廣食性動物。原角龍的喙又大又尖銳，牙齒呈剪刀狀排列，頸盾有強壯的頸部肌肉附著——這些都是幫助原角龍啃食灌木草叢的特徵。頸盾可能與吸引異性有關；雄性的頸盾似乎比雌性來得大且明顯。

分類	化石出土地點	統計資料	體型比較
動物界		棲地：亞洲（中國、蒙古）	
脊索動物門		時期：白堊紀晚期	
蜥型綱		體長：1.5-2公尺	
祖龍超目		高度：50-67公分	
恐龍總目		重量：240公斤	
鳥臀目		天敵：獸腳亞目恐龍	
角龍下目		食物：植物	
原角龍科			

三角龍 TRICERATOPS

意義：「有三隻角的臉」。 發音：*try-SER-a-tops*

三角龍、暴龍、腕龍與劍龍，是最廣為人知也是最受歡迎的恐龍。三角龍臉上特色獨具的三隻角、盾牌般的頸盾與以四腳行走的穩重姿態，讓人一眼馬上就能認出來。牠可說是白堊紀晚期的犀牛，一種看來兇猛、實際上卻只是草食性動物的大型野獸。然而，假使受到刺激，牠還是可能會生氣。對於受暴龍欺侮而處於劣勢的其他動物來說，三角龍這類能夠與之抗衡的草食性動物，絕對會被視為英雄。

從許多方面來看，三角龍都可說是角龍下目動物八千五百萬年演化史的高峰。牠是最後一種的角龍下目動物，一直持續存活到六千五百萬年前白堊紀末滅絕事件為止。事實上，牠也是世界上存活到最後的恐龍種類。三角龍同時也是體積最龐大的角龍下目動物之一，體重可達八噸，體長將近九公尺。牠的頭骨非常地大，約佔全身體長的三分之一——約有三公尺之多！在所有陸生動物之中，這是最大的頭骨之一；更大的頭骨只有出現在三角龍的幾種近親身上。

三角龍最顯著的特徵，也是科學家用作命名依據的特徵，就是從頭骨上方長出來的三隻尖角。在角龍科動物中，角的數目和種類有著非常多樣的變化，是非常重要的辨識特徵。三角龍在吻部上方有一支短角，另外兩支較堅固也較長的角，則分別從兩眼上方突出。這兩支角至多一公尺長，並有密集血管分佈，可能支撐著角蛋白的外殼，就像現代有長角的哺乳動物一樣。這些角到底有何功能，是學界熱烈爭論的主題。它們在大多數時間可能具有展示功能，或是在競爭配偶時進行角力比賽之用。然而，有些三角龍的角上出現暴龍咬傷的痕跡，另外也有一具殘破的三角龍頭骨化石，紀錄了這隻動物和這類巨型獸腳亞目恐龍進行生死搏鬥的不幸結果。無疑地，三角龍的額角同時也是強有力的防禦武器。

所有三角龍化石都來自地獄溪組和其他北美洲西部的白堊紀末期岩層。第一具三角龍化石是一對發現於1887年的額角，原本被誤認為是史前野牛。自此以後，科學家發現了數百具標本，並且被分列為十八個不同的種！然而近年來的古生物學家確認為，這些不同的種類其實只是一或兩種三角龍的不同生長階段而已。事實上，三角龍的角和頸盾會在成長過程中大幅改變，也就是說，成龍和幼龍有著完全不同的外貌。

分類

動物界
　脊索動物門
　　蜥型綱
　　　祖龍超目
　　　　恐龍總目
　　　　　鳥臀目
　　　　　　角龍下目
　　　　　　　角龍科
　　　　　　　　開角龍亞科

化石出土地點

統計資料

棲地：北美洲（加拿大、美國）

時期：白堊紀晚期

體長：8-9公尺

高度：2.4-3公尺

重量：8噸

天敵：獸腳亞目恐龍

食物：植物

體型比較

牛角龍 *TOROSAURUS*

意義：「公牛蜥蜴」或「有孔的蜥蜴」。　發音：*tore-oh-SORE-us*

牛角龍是三角龍的近親，兩屬化石一起出現在美國西部白堊紀晚期岩層中。然而，和牠那知名度高的親戚相較之下，牛角龍的頭骨更長也更大。

就絕對尺寸而言，牛角龍的頭骨稍微比三角龍小一點——相較於三角龍頭骨三公尺的長度，牛角龍頭骨僅有二點七五公尺。儘管如此，牛角龍的體型卻小了許多，體長大概比三角龍少了一點五至三公尺。就這樣的數字而言，三角龍的頭骨約為體長的三分之一，而牛角龍的頭骨卻佔了全身的百分之四十。這確實讓人難以置信！在從古至今的所有陸生脊椎動物之中，只有五角龍這種牛角龍的近親，才有類似的大頭。

三角龍、牛角龍、五角龍和其他許多物種構成了角龍科動物兩個主要子群之一的開角龍亞科。這些角龍下目動物因為許多特徵而被歸類在一起，例如吻部前方擴大的喙骨與三角形的頸盾緣骨突（圍繞著頸盾分佈的奇特瘤狀物）。角龍科的另一個主要族群為尖角龍亞科，其下包含了如尖角龍、野牛龍和戟龍等屬，牠們的額角比較小，頸盾也比較短。在白堊紀最後的數百萬年間，兩個亞科都廣泛分佈於北美洲。

分類

動物界
　脊索動物門
　　蜥型綱
　　　祖龍超目
　　　　恐龍總目
　　　　　鳥臀目
　　　　　　角龍下目
　　　　　　　角龍科
　　　　　　　　開角龍亞科

化石出土地點

統計資料

棲地：北美洲（加拿大、美國）

時期：白堊紀晚期

體長：7-8公尺

高度：2.3-2.4公尺

重量：5-7噸

天敵：獸腳亞目恐龍

食物：植物

體型比較

五角龍 PENTACERATOPS

意義：「有五根角的臉」。　發音：PEN-tah-ser-a-tops

　　五角龍就像牠那年紀較輕的牛角龍堂弟一樣，有長度可達2.75公尺的龐大頭骨。五角龍的平均體長大致與牛角龍相當，意思是牠的頭骨也佔了體長的百分之四十左右。這些測量數字著實讓人震驚，也讓五角龍看來有點笨拙。五角龍的骨架看來就像快倒栽蔥，完全就是快翻筋斗的模樣。

　　五角龍的存在約比牛角龍早了五百萬年，離白堊紀－第三紀滅絕事件約有一千萬年。五角龍的近親如三角龍有三隻角，五角龍在頭骨兩側頰部區域各有一隻突出的角，頭骨上共有五隻角。所有角龍下目動物在頰部或多或少都有一些骨質突起，不過在大多屬種類身上，其實都只是一個低矮的圓形隆起而已。然而，五角龍的頰部隆起卻向外延伸出去，形成龐大尖銳的角，而這角的位置恰到好處，足以讓五角龍好好地重擊掠食者，例如暴龍科動物中的懼龍。

　　目前已出土的五角龍頭骨化石有好幾具，大多來自美國的新墨西哥州和科羅拉多州。第一件五角龍化石於1921年出土，發現人為二十世紀恐龍古生物學巨擘查爾斯・斯騰伯格（Charles H. Sternberg）。斯騰伯格在十九世紀晚期惡名昭彰的「化石戰爭」中替科普在堪薩斯州蒐集化石，累積了非常豐富的經驗；斯氏後來自立門戶，在美國和加拿大西部蒐集恐龍化石，並將化石銷售給世界各地的博物館。斯騰伯格的三個兒子都繼承父業，維持著家族化石狩獵的傳統，一直到一九七零年代為止。

分類

動物界
　脊索動物門
　　蜥型綱
　　　祖龍超目
　　　　恐龍總目
　　　　　鳥臀目
　　　　　　角龍下目
　　　　　　　角龍科
　　　　　　　　開角龍亞科

化石出土地點

統計資料

棲地：	北美洲（美國）
時期：	白堊紀晚期
體長：	6-8公尺
高度：	1.8-2.4公尺
重量：	5-7噸
天敵：	獸腳亞目恐龍
食物：	植物

體型比較

開角龍 CHASMOSAURUS

意義：「空隙蜥蜴」。 發音：kas-mo-SORE-us

開角龍是白堊紀晚期北美洲西部最常見的恐龍之一。牠是三角龍的近親，也是開角龍亞科引以為名的依據。

開角龍是體型中等的角龍下目動物，體型不到六公尺，體重只有幾噸。整體而言，三角龍大了許多，其他近親如牛角龍和五角龍的頭也比較大。然而，開角龍的分佈卻比較廣泛，種數也比牠的親戚多了許多。科學家在北美洲西部發現了超過四十具的開角龍頭骨與其他標本，分佈範圍從加拿大亞伯達省的惡地到最南端的德州都有，而且至少有四個完全不同的種。

就像大多數角龍下目動物一樣，開角龍最顯著的特徵都集中在頭部。牠的頭骨又長又低，頸盾平淺朝上，平坦宛如桌面。相較之下，其他近親種類的頸盾就比較垂直，且大部份向前。沒有其他角龍下目動物的頸盾比開角龍還寬，由於此特徵之故，在從上方往下觀看的時候，開角龍的頭骨會呈現出明顯的三角形。頸盾中央有兩個大洞，是為命名的依據。這些開孔叫做「頂骨窗」，外有皮膚和肌肉覆蓋，可能有助於減輕頸盾的重量，讓它更易於攜帶。

分類

動物界
　脊索動物門
　　蜥型綱
　　　祖龍超目
　　　　恐龍總目
　　　　　鳥臀目
　　　　　　角龍下目
　　　　　　　角龍科
　　　　　　　　開角龍亞科

化石出土地點

統計資料

棲地：北美洲（加拿大、美國）

時期：白堊紀晚期

體長：5-5.5公尺

高度：1.5-1.65公尺

重量：2-3噸

天敵：獸腳亞目恐龍

食物：植物

體型比較

戟龍 STYRACOSAURUS

意義：「有尖刺的蜥蜴」。　發音：sty-rack-o-SORE-us

　　角龍下目動物以突出於頭骨上的各種怪異尖刺和角聞名。大多數種類都有三隻角或尖刺：鼻上一隻，兩眼上方各一隻；其他種類如五角龍，則在兩側頰部各加上一隻。然而，就是有一類角龍下目動物，將這樣的頭骨裝飾發揮到淋漓盡致的地步。尖角龍亞科的戟龍，頭部有著比任何其他角龍下目動物都還多的尖刺和角。牠頭上的尖刺並不只有三或五隻，大多數戟龍頭骨上的角高達九隻之多！

　　在恐龍界中，戟龍可以說是頭骨外觀最為奇妙的種類之一，牠那怪異的頭骨毫無邏輯可言。如同大多數尖角龍亞科動物，戟龍的頸盾並不長，而且上面有兩個大型開孔減輕重量。牠也和大多數角龍下目動物一樣，鼻子上方有著又長又尖的單一大角，長度可達半公尺。

　　然而戟龍和其他同類群動物的相似性也就僅此而已。戟龍不但在頰部有向外生長的角，其頸盾後方還長了六隻呈半圓形分佈的角；其中最大的一對位於頸盾中線上，長度和鼻角相當，甚至更長。頭上總共有九隻角的戟龍，可能相當能夠抵禦像是懼龍之類的掠食者；儘管如此，有些角又小又脆弱，必然只是用來展示而已。

　　戟龍化石來自加拿大亞伯達省省立恐龍公園內七千五百萬年前的岩層。牠的時間稍早於與牠關係最為密切、同時也是尖角龍亞科動物典型代表的尖角龍。這兩屬動物的存在時間並未廣泛重疊，戟龍似乎也取代了牠的堂兄，成為恐龍公園生態系中最主要的尖角龍亞科動物，牠甚至可能根本就是直接從尖角龍演化而來的動物。

分類

動物界
　脊索動物門
　　蜥型綱
　　　祖龍超目
　　　　恐龍總目
　　　　　鳥臀目
　　　　　　角龍下目
　　　　　　　角龍科
　　　　　　　　尖角龍亞科

化石出土地點

統計資料

棲地：	北美洲（加拿大）
時期：	白堊紀晚期
體長：	5-5.5公尺
高度：	1.5-1.65公尺
重量：	2-3噸
天敵：	獸腳亞目恐龍
食物：	植物

體型比較

野牛龍 *EINIOSAURUS*

意義：「野牛蜥蜴」。 發音：*ie-nee-oh-SORE-uss*

在野牛出現的七千五百萬前年，北美洲西部是大型角龍下目動物的天下。在眾多角龍下目恐龍之中，野牛龍的學名「*Einiosaurus*」來自印地安黑腳部落對於野牛的稱呼。儘管如此，這類「野牛蜥蜴」的實際外觀，與野牛這種長滿粗毛且備受印地安原住民珍視的哺乳動物卻相去甚遠。當然，野牛龍和野牛的頭上都有向外伸出的角，不過野牛龍這類白堊紀晚期角龍下目動物的角確實比野牛的角來得奇異，在各種動物的頭飾之中，怪異程度可謂數一數二。

野牛龍屬於尖角龍亞科，是角龍科的一個子類群，以短頸盾和縮小的額角為特徵。野牛龍是戟龍的近親，在1980年代中期於美國蒙大拿州剛出土時，曾被認為是戟龍屬的新種。

儘管如此，科學家在進一步研究以後發現，牠和戟龍在頭飾上有著非常驚人的差異。野牛龍在頸盾後方有兩隻延伸而出的角，戟龍則有六隻；此外，戟龍的鼻角又長又細，野牛龍的鼻角短胖且向前彎曲，像極了開瓶器！

野牛龍化石只出土於美國蒙大拿州一個名叫雙麥迪遜組、約有七千五百萬年歷史的岩層。目前已知有兩個骨層，至少有十五隻個體。雖然這兩個骨層的規模並不如一些包含超過一萬隻個體的鴨嘴龍科動物骨層來得龐大，這些化石集合仍然顯示，野牛龍會成群移動。許多其他類尖角龍亞科動物和開角龍亞科動物也都有骨層存在，顯示角龍下目動物成群活動的行為相當普遍。也許成群活動能有效地嚇阻掠食者、增進尋找食物的效益、或者在長期乾旱的狀況下延長存活時間。

分類

動物界
　脊索動物門
　　蜥型綱
　　　祖龍超目
　　　　恐龍總目
　　　　　鳥臀目
　　　　　　角龍下目
　　　　　　　角龍科
　　　　　　　　尖角龍亞科

化石出土地點

統計資料

棲地：北美洲（美國）

時期：白堊紀晚期

體長：7.2-7.6公尺

高度：2.1-2.3公尺

重量：4.5-5噸

天敵：獸腳亞目恐龍

食物：植物

體型比較

厚鼻龍 PACHYRHINOSAURUS

意義:「厚鼻蜥蜴」。 發音:*pack-ee-rhy-no-SORE-uss*

厚鼻龍是體型中等的角龍下目動物,比三角龍和野牛龍等巨龍小,大約和開角龍差不多。厚鼻龍的頭骨具有一般尖角龍亞科動物頭骨的特徵:臉部深邃、頸盾短、眼部上方的額角縮小。

然而,厚鼻龍卻有著實奇異的頭飾。牠和其他尖角龍亞科動物一樣,頸盾後方有兩支尖細的角向外突出,不過相似之處僅止於此。在厚鼻龍頸盾上大型橢圓狀開孔之間,有兩隻獨特的短角從頸盾中央往上突出,而且眼睛到鼻子上方的整片區域都由一塊增厚且粗糙的骨頭覆蓋。科學家稱這塊骨頭為「顱隆」。

類似的顱隆亦可見於厚鼻龍的近親河神龍身上,不過河神龍的顱隆是分別出現在眼睛和鼻子上方的獨立隆起。

這種奇特頭部構造的功能是學界競相推論演繹的主題之一。然而,我們確實很難將厚鼻龍那個密實、增厚的頭部想像成有效的防禦裝置;反而,就像出現在大多數恐龍身上的頭飾一樣,顱隆與小角的主要功能可能還是與展示及吸引異性有關。事實上,後面這種推論也有證據支持,因為許多動物都是在成年並達到性成熟以後才發展出此類構造。如果這些構造主要用作防禦武器,那麼它們應該在較為弱小且較易受攻擊的幼龍身上就可以看到才是。

分類

動物界
　脊索動物門
　　蜥型綱
　　　祖龍超目
　　　　恐龍總目
　　　　　鳥臀目
　　　　　　角龍下目
　　　　　　　角龍科
　　　　　　　　尖角龍亞科

化石出土地點

統計資料

棲地:北美洲(美國)

時期:白堊紀晚期

體長:5.5-6公尺

高度:1.6-1.8公尺

重量:2-2.4噸

天敵:獸腳亞目恐龍

食物:植物

體型比較

腫頭龍 PACHYCEPHALOSAURUS

意義：「有厚頭的蜥蜴」。 發音：*pack-ee-seph-uh-LOH-sore-uss*

腫頭龍下目動物是存續到最後的恐龍類群之一，牠們也許是整個中生代最讓人感到驚奇且異乎尋常的動物。目前已發現的屬至少有十個，大多數來自北美洲和歐洲的白堊紀晚期岩層，以腫頭龍為該類群引以為名的典型。這類生存於白堊紀晚期的草食性動物和暴龍一起生活，一直存續到恐龍王國的最後一刻。體長五公尺、體重約三百公斤且以雙足行動的腫頭龍，是腫頭龍下目中體型最大的屬，其餘種類的體型都很小，頭部大約只有高爾夫球大小。

腫頭龍下目動物看來就像是從奇幻小說或科幻電影跳出來的東西，牠們最獨特的特徵，無疑是看來腫大且飾有許多驚人尖刺、隆起和氣泡狀物的骨化頭顱。沒有其他恐龍具有這樣奇特的特徵。腫頭龍下目動物的頭骨高度癒合而且非常結實，很難辨識出頭顱的各塊骨頭。顱頂增厚的程度令人驚異，就腫頭龍而言，顱頂竟由厚度二十五公分的堅實骨骼構成。大多數種類的腫頭龍下目動物，在頭頂都有圓頂形成，而且圓頂周圍還有許多奇形怪狀、朝著各方向生長的小骨瘤，吻部上方表面亦有許多類似的小包長出來。頭骨前方有一個用來啃咬植物的

短喙，領內滿是小型葉狀齒，然而腫頭龍下目動物可能無法像其他鳥臀目恐龍一樣地徹底咀嚼食物。

腫頭龍下目動物厚重且高癒合度的頭骨是常見的化石，因為這樣的骨頭非常容易被保留下來。其他骨骼化石則非常罕見，不過少數幾具幾乎完整的化石顯示，這類恐龍的頸部短且強壯，消化道寬廣，尾部長且具有骨化肌腱支撐。這些特徵都顯示，腫頭龍下目動物主要利用消化道來處理食物，和蜥腳下目動物及鐮刀龍超科動物一樣，而且牠們的活動力極高，會利用尾巴來保持平衡。

圓頂狀頭骨引發了不少爭論。有些早期科學家認為，腫頭龍下目動物在爭奪配偶時會互相撞頭，如同現代的大角羊。然而，這個見解似乎不太靠得住。首先，圓頂的形狀並不適合互撞，因為形狀之故，兩頭骨相撞時會互相滑開，就像撞球一樣。其次，出土的頭骨圓頂化石中，並沒有任何破碎、骨質損壞或其他損傷，如果這些頭骨經常像攻城槌一般地碰撞，損傷是必然會發生的。第三，骨質圓頂的內部結構儘管堅實，卻不足以保護腦部免受衝擊性傷害。因此，這個頭骨構造比較可能與吸引異性或分辨種類有關。

分類

動物界
　脊索動物門
　　蜥型綱
　　　祖龍超目
　　　　恐龍總目
　　　　　鳥臀目
　　　　　　腫頭龍下目

化石出土地點

統計資料

棲地：北美洲（美國）

時期：白堊紀晚期

體長：4-5公尺

高度：1.6-1.8公尺

重量：250-300公斤

天敵：獸腳亞目恐龍

食物：植物

體型比較

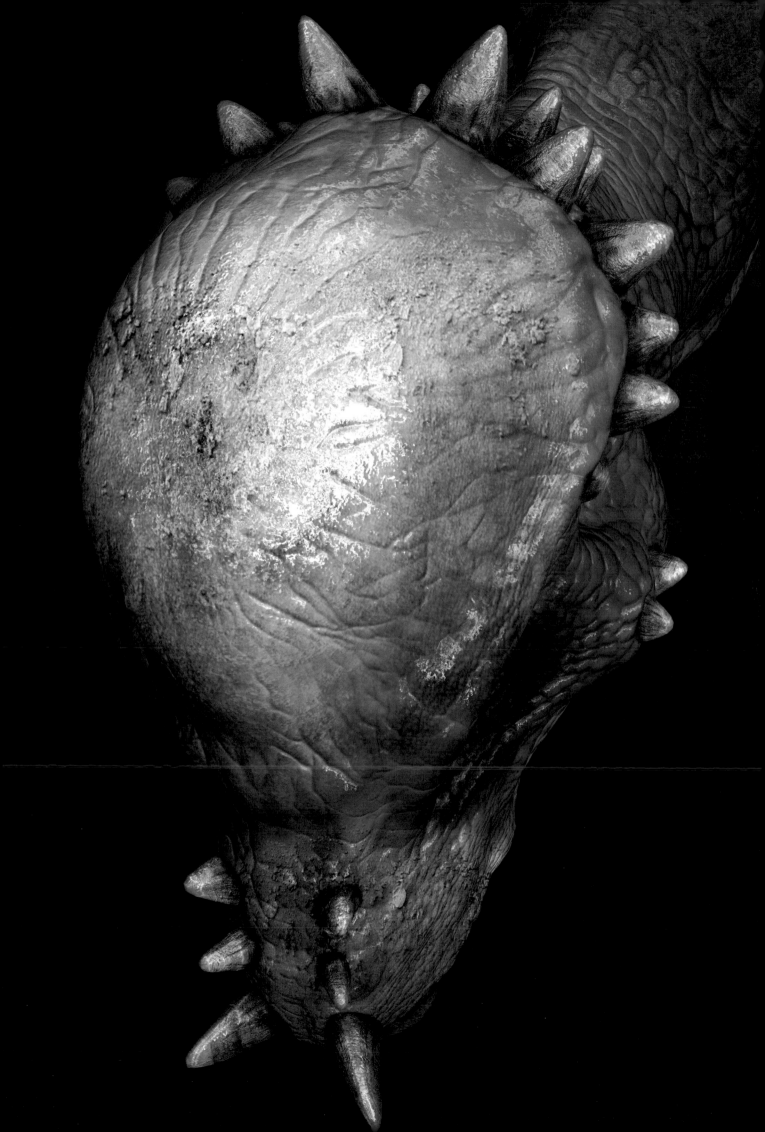

第七章 THE END OF THE DINOSAURS

恐龍的滅亡

我們從地質學和古生物學中能學到的最重要課題，就是所有事物都會改變。大陸漂移，山脊受到推升直衝雲霄，再因侵蝕而化為塵土，海洋也會擴張與退卻。生命體出現、演化並散佈。有些類群出現驚人的多元演化，在世界各地蓬勃發展，成為生態系的優勢種。然而，世事無常。即使是最成功的類群，到頭來還是會滅絕，重新設定演化鐘，替其他起而代之的類群鋪路。這就是六千五百萬年前發生在恐龍身上的事情。

恐龍的滅絕發生在地質年代白堊紀與第三紀的交界期（一般稱為「K-T界線」），是大規模物種滅絕事件中最著名的例子。從壞處想，它以有形的方式證明了這個持續轉變的世界是殘酷的，從好處想，充其量也只能說是地球對世事變化無動於衷。就像人類文明的起起落落一樣，恐龍的命運可以說是一則警世故事，人類應該要從中獲取教訓。

本書將焦點放在恐龍的崛起：一群毫不起眼、看來脆弱的小動物，如何慢慢演化以取代其他生存於三疊紀的陸生脊椎動物，在侏羅紀稱霸陸地生態系的每一個角落，並延續到白堊紀繼續改變和多元發展。牠們的故事在六千五百萬年前，因為一地球有史以來最災難性的時刻而畫下了休止符。

恐龍到底為何滅絕？從第一具原始「巨蜥」化石在英格蘭出土以來，這個問題就一直困擾著古生物學家。許多早期科學家簡直就把恐龍貶為演化失敗者——行動緩慢、愚蠢懶散、注定得滅亡的動物。這些科學家認為恐龍必將面臨滅絕的命運，如此以來更進化的哺乳動物才能征服世界。然而，這樣的解釋並無法讓人滿意。我們知道恐龍並非注定滅絕的失敗實驗，而是極其活躍、稱霸世界一億六千萬年的動物。那麼，到底是什麼原因，讓這麼成功的動物類群倏然在白堊紀晚期從化石記錄中消失？

就如許多地質史上的關鍵時刻，這個答案似乎是一個災難性的單一事件。小行星或彗星撞擊地球結束了白堊紀，猛然讓恐龍王國劃下句點。這個看法也有確鑿的證據。在1970年代晚期，加州大學地質學家沃爾特・阿爾瓦雷茨（Walter Alvarez）在義大利中部研究明顯為白堊紀第三紀界線的薄黏土層時，注意到了一件不尋常的事。這層黏土的銥含量特別高，而銥是一種在地球上很罕見、卻常見於外太空的金屬元素。進一步的研究發現，全球各地K-T界線岩層都出現了這種「銥含量高峰」。大約十年以後，科學家發現了有力證據：一個形成於六千五百萬年前、深藏在墨西哥沙灘下的隕石坑。

這是個人們不可能誤解的證據：一個來自外太空、寬度可能有好幾公里的物體，在白堊紀末期直接撞上墨西哥的猶加敦半島。在這個外太空物體撞上地球以前，恐龍可是活得好好的！當時，恐龍的多樣性比白堊紀早期稍微低了點，不過多樣性的高低起伏在中生代期間很常見，並沒有理由讓人相信這些動物正逐漸步向滅絕。這個突然從外太空降臨的爆炸性訪客改變了一切。它以數千個核子彈同時爆炸的力量撞擊地球，毒害了整片大地，幾乎把地球送上不歸路。

在數千年間，恐龍除了牠們的鳥類後裔以外，全部都消失殆盡——成為撞擊引發氣候改變與生態系崩解的受害者。爆炸揚起的塵煙進入大氣層，阻擋了陽光，不但殺光了植物，也讓地球沉浸在熱騰騰的酸雨之中。野火在整個地球上蔓延，巨大海嘯拍擊著北美洲與南美洲海岸。和恐龍一起消失的還有所有的翼龍和大部份的哺乳動物和鳥類。海洋一樣也慘遭破壞。全世界只有少數幸運的動物存活了下來，不過恐龍可能因為體型太龐大、沒能在水底或洞穴裡找到庇護所而無法幸免於難。或者，牠們也許只是運氣太差，只不過這壞運氣的規模大了點罷了。

撞擊的那天，地球歷史的進程永遠地改變了。曾經稱霸地球長達一億六千萬年的類群，就這麼消失了。超大型肉食者如暴龍與像吸塵器一

樣狂吃植物的三角龍和愛德蒙托龍，再也不復存在。突然之間，生態系變得空蕩蕩的。然而，儘管地球蒙受了極大的損害，卻沒有被徹底打倒，經過一段時間以後，生命就會再度復甦。公平競爭的環境開放了，演化時鐘重設，新的優勢競賽於焉展開。最後，哺乳類和鳥類獲得勝利，演化至今更填補了原本由恐龍所佔據的大部份生態棲位，而且哺乳類比恐龍更進一步，發展得更好。我們人類今天之所以能在這裡，完全是因為恐龍滅絕，而且我們必須記住地球歷史能帶給我們的最重要教訓：改變是無可避免的。

辭彙表

阿爾伯托龍科動物（Abelisaurids）

阿爾伯托龍科又稱亞伯龍科、阿貝力龍科，是獸腳亞目（肉食恐龍）的一支，主要生活在白堊紀的南大陸（岡瓦那古陸）；較著名的種類如阿爾伯托龍、食肉牛龍、瑪君龍。

進化特徵（Advanced）

動物從演化近祖身上遺傳而得的新特質或新特徵。

堅蜥目動物（Aetosaurs）

祖龍超目的一支，和鱷魚是近親，生存在三疊紀，以植物為食，身上覆有裝甲般的骨板與刺棘。

被子植物（Angiosperms）

又稱開花植物，在白堊紀演化，其中包括大部份現代植物的主要族群，例如禾本科植物。

甲龍科動物（Ankylosaurids）

甲龍下目（身上覆有甲冑的裝甲恐龍）的一支，以骨質尾槌為其特徵；甲龍和真板頭龍皆屬此類。

甲龍下目動物（Ankylosaurs）

鳥臀目恐龍的一支，特徵為草食性，以及如裝甲般披覆著盔甲、骨板和刺棘的身體。甲龍下目可分為兩支：甲龍科與結節龍科。

眶前窗（Antorbital fenestra）

頭骨眼窩前方含有龐大內腔的開孔，是祖龍類的主要辨識特徵。

祖龍類動物（Archosaurs）

原文有「具優勢的爬蟲類」之意，這是一群主要的爬蟲類，最早出現於三疊紀。它包括鱷魚、鳥類、恐龍、翼龍與其他數種已滅絕族群。

兩足動物（Bipedal）

以雙腳行走的動物。

鯊齒龍科動物（Carcharodontosaurids）

獸腳亞目堅尾龍類的一支。牠們與異特龍具有密切的親緣關係，其中包括數種地球上體型最龐大的掠食者（鯊齒龍和南方巨獸龍）。

尖角龍亞科動物（Centrosaurines）

角龍科的一支，以短頸盾和眼睛上方的短角為特徵；尖角龍、野牛龍與戟龍皆屬此類。

角龍下目動物（Ceratopsians）

「有角的恐龍」，鳥臀目的一支，特徵為以植物為食，以及具有尖角和頸盾的頭骨。

角鼻龍下目動物（Ceratosaurs）

獸腳亞目（肉食恐龍）的一支，特徵原始，包括角鼻龍和阿爾伯托龍科動物。

開角龍亞科動物（Chasmosaurines）

角龍下目的一支，以長頸盾和喙狀嘴為特徵，開角龍、牛角龍和三角龍皆屬此類。

腔骨龍超科動物（Coelophysoids）

獸腳亞目（肉食恐龍）的一支，特徵原始，生存在三疊紀與侏羅紀早期；腔骨龍和理理恩龍皆屬此類。

虛骨龍類（Coelurosaurs）

具有較進化特徵的獸腳亞目恐龍，其中包含許多與鳥類類似的特徵；暴龍超科、傷齒龍科、馳龍科和從虛骨龍類演化而成的鳥類等皆屬此類群。

白堊紀（Cretaceous）

中生代（恐龍時代）的第三個也是最後一個紀。在這段期間，掠食性的虛骨龍類、草食性的鳥臀目動物（鳥腳下目動物、角龍下目動物）以及草食性的泰坦巨龍類為生態系霸主。

衍生特徵（Derived）

請參考「進化特徵」。

恐龍（Dinosaurs）

「令人恐懼的大型爬蟲類」，於中生代稱霸地球的爬行動物類群子群，現代鳥類由此演化而來。

恐龍形態類（Dinosauromorphs）

祖龍形下綱的一支，其中包括恐龍和牠們的近親，例如兔龍、馬拉鱷龍和西里龍。

梁龍科動物（Diplodocids）

蜥腳下目（長頸恐龍）的一支，包括迷惑龍和梁龍，常見於侏羅紀。

馳龍科動物（Dromaeosaurs）

虛骨龍類（與鳥相似的獸腳亞目恐龍）的一支，大多數為中小體型的掠食者，腳上有大型的彎曲指爪。

代（Era—geological time）

參考「紀」。

屬（Genus，複數為genera）

生物分類系統的正式用語，指一群關係密切的物種。舉例來說，在雷克斯暴龍的學名「Tyrannosaurus rex」中，「Tyrannosaurus」是屬名，「rex」為種名。

岡瓦那古陸（Gondwana）

一個由現今非洲、南美洲、印度、澳洲與馬達加斯加構成的巨大陸塊，這個陸塊在盤古大陸裂開的時候與北大陸（勞亞古陸）逐漸漂移分開。

鴨嘴龍科動物（Hadrosaurs）

鳥腳下目（大型草食恐龍）的一支，以蹄狀的腳和吻部前方的大型喙狀嘴為特徵。

侏羅紀（Jurassic）

中生代的第二個紀，以大型角鼻龍下目動物、掠食性堅尾龍類與草食性蜥腳下目恐龍為生態系霸主。

賴氏龍亞科動物（Lambeosaurines）

鴨嘴龍科的一支，以複雜的頭部冠飾為特徵；盔龍、賴氏龍、似棘龍皆屬此類。

勞亞古陸（Laurasia）

一個由現今北美洲、歐洲和亞洲構成的巨大陸塊，這個陸塊在盤古大陸裂開的時候與南大陸（岡瓦那古陸）逐漸漂移分開。

中生代（Mesozoic Era）

恐龍時代，為地質年代的一個代，分為三疊紀、侏羅紀和白堊紀，除了鳥類以外的所有恐龍都在中生代結束時滅絕。

結節龍科動物（Nodosaurids）

甲龍下目（具有甲冑的裝甲恐龍）的一支，特徵為狹窄的吻部和沒有槌的尾巴；埃德蒙頓甲龍、結節龍和蜥結龍皆屬此類。

鳥臀目恐龍（Ornithischians）

「臀部如鳥類般的恐龍」，是恐龍三大子群中的一個（其餘兩個為獸腳亞目恐龍和蜥腳形亞目恐龍）。如此命名的原因，在於骨盆的恥骨和鳥類一樣向後方生長。這個子群包括許多草食性恐龍，例如劍龍下目、甲龍下目、角龍下目、腫頭龍下目和鳥腳下目。

似鳥龍下目（Ornithomimosaurs）
「狀似鴕鳥的恐龍」，虛骨龍類（與鳥相似的獸腳亞目恐龍）的一支，此類恐龍大多外觀與大型鳥類如鴕鳥等相似；似雞龍和似鵜鶘龍皆屬此類。

鳥腳下目動物（Ornithopods）
鳥臀目的一支，以植物為食，其下分類自成一格，禽龍、鴨嘴龍科動物皆屬此類。

皮內成骨（Osteoderms）
又作骨質外皮，指骨板和盾片，通常有增厚的情形，質地粗糙，有助於動物的防禦。

偷蛋龍下目（Oviraptorosaurs）
虛骨龍類（與鳥相似的獸腳亞目恐龍）的一支，大多數都具有怪異且質輕的骨架，頭頂具有骨質冠飾，沒有牙齒；羽尾龍和偷蛋龍皆屬此類。

腫頭龍下目動物（Pachycephalosaurs）
「頭部呈圓頂狀的恐龍」，鳥臀目的一支，以形狀有如圓頂的厚重頭骨為特徵。

古生物學（Palaeontology）
研究化石和遠古生物的科學，研究範圍包括恐龍在內。

盤古大陸（Pangaea）
由世界上所有主要陸塊構成的超大陸，在恐龍時代之前就已存在，於三疊紀開始分裂。

紀（Periods）
地球歷史上受地質學家（研究地球和岩石的科學家）正式認定的一段時間，例如三疊紀、侏羅紀和白堊紀：亦即恐龍時代的三個紀。「紀」是「代」的細分單位，「紀」可以進一步分成「世」。

二疊紀─三疊紀滅絕事件（Permo-Triassic Extinction）
地球歷史上最大規模的物種滅絕事件，大約在兩億五千萬年前，二疊紀與三疊紀交界之際，地球上大約有百分之九十五的物種滅絕。

植龍目動物（Phytosaurs）
祖龍類的一支，與鱷魚為近親，生存於三疊紀，為伏擊掠食動物，以魚類和其他爬行動物為食。

掠食者（Predators）
以捕獵其他動物為食的動物（食肉動物）。

原始特徵（Primitive）
動物身上源自於演化遠祖的「舊」特徵。

原蜥腳下目（Prosauropods）
蜥腳形亞目的一支，生存於三疊紀和侏羅紀早期，以植物為食，體型中等，有長頸且頭部小型，具有喙；以雙腳或四腳行走。

翼龍目動物（Pterosaurs）
祖龍類的一支，常被稱為翼手龍（pterodactyls），是恐龍時代中一類會飛翔的爬行動物。翼龍目動物是恐龍的近親，然而這類動物並不屬於恐龍類群。

四足動物（Quadrupedal）
以四隻腳行走的動物。

勞氏鱷目動物（Rauisuchians）
祖龍類的一支，是鱷魚的近親，為三疊紀的大型掠食者。有些勞氏鱷目動物在外觀上狀似肉食恐龍，不過牠們其實只是遠親而已。

爬行動物（Reptiles）
身上覆有鱗片的卵生脊椎動物，包括鱷魚、蛇、蜥蜴和恐龍。儘管鳥類和爬行動物的外觀差異極大，由於鳥類源自於恐龍，現代分類學也將鳥類納入爬行動物之中。

蜥臀目動物（Saurischians）
「臀部與蜥蜴類似的恐龍」，為恐龍的主要子群，包括蜥腳形亞目和獸腳亞目。如此命名之故，在於其骨盆的恥骨和爬行動物一樣向前生長。

蜥腳形亞目（Sauropodomorphs）
恐龍的三個主要子群之一（其餘為獸腳亞目和鳥臀目），其中包括原蜥腳下目和蜥腳下目（長頸恐龍）。

蜥腳下目動物（Sauropods）
「長頸恐龍」，為蜥腳形亞目的一支，出現在三疊紀，是侏羅紀晚期的主要草食性恐龍，特徵在於巨大身軀、長頸、小頭和以四足行動。

物種（Species）
生物分類系統的正式名詞，指一群可以交配並生下後代的生物體，無法與其他物種成員交配。舉例來說，在雷克斯暴龍的學名「Tyrannosaurus rex」中，「rex」為種名。

喙頭鱷亞目動物（Sphenosuchians）
早期鱷魚的子群，生存在三疊紀晚期和侏羅紀早期；體型小，重量輕且行動迅速。

棘龍科動物（Spinosaurids）
堅尾龍類的一支，以背部的大型帆狀物為特徵，可能以魚類為食；堅爪龍、激龍和棘背龍皆屬此類。

劍龍下目動物（Stegosaurs）
「具有骨板的恐龍」，鳥臀目的一支，以覆滿背部的大型骨板和尾上的刺為特徵；華陽龍、釘狀龍和劍龍皆屬此類。

堅尾龍類（Tetanurans）
獸腳亞目（肉食恐龍）的一支，具有較進化的特徵，例如堅挺的尾巴和退化成三指的手指數目；異特龍、虛骨龍類和鳥類皆屬此類。

鐮刀龍超科動物（Therizinosaurs）
虛骨龍類（與鳥相似的獸腳亞目恐龍）的一支，特徵包括有喙的頭骨、草食性動物的牙齒、龐大的消化道、巨大的指爪與結實健壯的腳；阿拉善龍和北票龍皆屬此類。

獸腳亞目（Theropods）
恐龍的三個主要子群之一（其餘為蜥腳形亞目和鳥臀目），包括所有肉食恐龍在內。獸腳亞目的子群有腔骨龍超科、角鼻龍下目、堅尾龍類、虛骨龍類和鳥類等。

覆盾甲龍亞目動物（Thyreophorans）
「披覆盾甲的恐龍」，鳥臀目的一支，包括身上具有骨板和甲冑的劍龍下目動物和甲龍下目動物。

泰坦巨龍類（Titanosaurs）
蜥腳下目（長頸恐龍）的一支，包括阿根廷龍和薩爾塔龍在內，在白堊紀很常見，尤以南大陸（岡瓦那古陸）最為普遍。

三疊紀（Triassic）
中生代（恐龍時代）的第一個紀。恐龍在這段期間出現、多元演化並散佈到全球各地。

暴龍超科動物（Tyrannosauroids）
虛骨龍類的一支，生存在侏羅紀和白堊紀。這類恐龍包括冠龍之類的小型掠食性恐龍，以及像是暴龍和特暴龍等大型肉食恐龍。

索引

國家圖書館出版品預行編目(CIP)資料

恐龍 / 史帝夫.布魯薩特著；林潔盈譯. --
初版. -- 臺中市：好讀, 2012.03
面； 公分. -- (圖說歷史；38)
譯自：Dinosaurs
ISBN 978-986-178-232-4(精裝)

1.爬蟲類化石 2.通俗作品

359.574   101000770

 好讀出版

圖說歷史38

恐龍 DINOSAURS

作　　者／史帝夫・布魯薩特 Steve Brusatte
顧　　問／麥可・班頓 Michael Benton
繪　　圖／Pixel Shack
譯　　者／林潔盈
總 編 輯／鄧茵茵
文字編輯／莊銘桓
內頁編排／鄭年亨

發 行 所／好讀出版有限公司
台中市407西屯區何厝里19鄰大有街13號
TEL:04-23157795　FAX:04-23144188
http://howdo.morningstar.com.tw
法律顧問／甘龍強律師
承製／知己圖書股份有限公司　TEL:04-23581803

總經銷／知己圖書股份有限公司
http://www.morningstar.com.tw
e-mail:service@morningstar.com.tw
郵政劃撥：15060393　知己圖書股份有限公司
台北公司：台北市106羅斯福路二段95號4樓之3
TEL:02-23672044　FAX:02-23635741
台中公司：台中市407工業區30路1號
TEL:04-23595819　FAX:04-23597123
(如有破損或裝訂錯誤，請寄回知己圖書更換)

初版／西元2012年3月15日
定價：750元

讀 者 回 函

只要寄回本回函，就能不定時收到晨星出版集團最新電子報及相關優惠活動訊息，並有機會參加抽獎，獲得贈書。因此有電子信箱的讀者，千萬別吝於寫上你的信箱地址

書名：恐龍

姓名：_____ 性別：□男 □女　生日：_____年_____月_____日

教育程度：_____

職業：□學生　□教師　□一般職員　□企業主管

□家庭主婦　□自由業　□醫護　□軍警　□其他_____

電子郵件信箱（e-mail）：_____　電話：_____

聯絡地址：□□□_____

你怎麼發現這本書的？

□書店　□網路書店（哪一個？）_____□朋友推薦　□學校選書

□報章雜誌報導　□其他_____

買這本書的原因是：_____

□內容題材深得我心　□價格便宜　□ 封面與內頁設計很優　□其他_____

你對這本書還有其他意見嗎？請通通告訴我們：

_____

你買過幾本好讀的書？（不包括現在這一本）

□沒買過　□1～5本　□6～10本　□11～20本　□太多了

你希望能如何得到更多好讀的出版訊息？

□常寄電子報　□網站常常更新　□常在報章雜誌上看到好讀新書消息

□我有更棒的想法_____

最後請推薦五個閱讀同好的姓名與E-mail，讓他們也能收到好讀的近期書訊：

1._____

2._____

3._____

4._____

5._____

我們確實接收到你對好讀的心意了，再次感謝你抽空填寫這份回函

請有空時上網或來信與我們交換意見，好讀出版有限公司編輯部同仁感謝你！

好讀的部落格：http://howdo.morningstar.com.tw/

請填妥後對折黏貼，直接投郵即可，無須貼郵票。

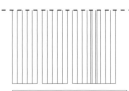

廣告回函
臺灣中區郵政管理局
登記證第3877號
免貼郵票

好讀出版有限公司　編輯部收

407 台中市西屯區何厝里大有街13號

電話：04-23157795-6　傳真：04-23144188

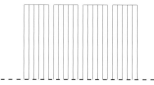

------ 沿虛線對折 ------

購買好讀出版書籍的方法：

一、先請你上晨星網路書店http://www.morningstar.com.tw檢索書目或直
　　接在網上購買

二、以郵政劃撥購書：帳號15060393　戶名：知己圖書股份有限公司並在
　　通信欄中註明你想買的書名與數量

三、大量訂購者可直接以客服專線洽詢，有專人為您服務：客服專線：
　　04-23595819轉230　傳真：04-23597123

四、客服信箱：service@morningstar.com.tw